ARCHIV FÜR LAGERSTÄTTENFORSCHUNG
Heft 82

HERAUSGEGEBEN VON
PROF. DR. ERICH LANGE
PRÄSIDENT DES GEOLOGISCHEN
DIENSTES BERLIN

FRIEDRICH LEUTWEIN

GEOCHEMISCHE UNTERSUCHUNGEN AN DEN ALAUN- UND KIESELSCHIEFERN THÜRINGENS

AKADEMIE-VERLAG GMBH · BERLIN 1951
Arch. Lagerst.-Forschg., H. 82

Erschienen im Akademie-Verlag GmbH., Berlin NW 7, Schiffbauerdamm
Lizenz-Nr. 156 · 7281/49—9909/49
Satz und Druck: Deutsche Wertpapier-Druckerei in Leipzig, M 301
Bestell- und Verlagsnummer: 2014/82
Preis: 10,50 DM

АННОТАЦИЯ

Лейтвейн, Ф.:

Геохимические исследованния квасцовых и кремнистых сланцев Тюрингии

Исследуется распределение некоторых редких металлов в квасцовых и кремнистых сланцах Тюрингии. Обширный материал анализов, полученных преимущественно спектрографическими методами, показывает, что эти породы богатыг лавным образом металлами: молибден, ванадин, хром и никель, концентрация которых по современному состоянию техники однако еще недостаточна для их добычи. Главной целью исследований является выяснение фациальных условий отложения этих пород. Из взаимных отношенний между редкими элементами делаются выводы относительно чередования в отложении сапропелитовой и гитиевой фаций, Подробно рассматриваются виды соединений редких металлов, а также методы исследования и опыты по выяснению металлургического поведения металлов.

SUMMARY

Geochemical researches of the alum slates and siliceous slates of Thuringia.

The distribution of some rare metals in the alum slates and siliceous slates of Thuringia is examined. The extensive material which has been analysed for the most part with spectroscopic methods, proves, that these rocks contain principally the metals molybdenum, vanadium, chromium and nickel. The degree of the enrichment of these metals is surprising, but the technical means do not yet suffice for winning these relatively small concentrations. The researches, made by the author, have the main task of clearing the conditions of facies during the sedimentation of these rocks. The relations of the "trace-elements" to each other are characterized by certain proportions. These proportions permit conclusions concerning the change in facies of sapropel and gyttja during the sedimentation. The way of chemical and mineral binding of the "trace-elements" is thoroughly discussed. The experimental methods which had the main object of clearing the metallurgical reactions are also described.

RÉSUMÉ

Des recherches géochimiques des schistes aluneux et schistes siliceux de la Thuringe.

La distribution de quelques métaux rares dans les schistes aluneux et schistes siliceux de la Thuringe est examinée. Les matériaux étendus, qui ont été analysés la plupart du temps avec des méthodes spectrographiques, prouvent que ces roches contiennent principalement les métaux molybdène, vanadium, chrome et nickel; le degré de l'enrichissement de ces métaux est frappant, mais la technique n'est pas encore capable de gagner de telles concentrations relativement petites. Les recherches faites par l'auteur ont pour objet principal l'éclaircissement des conditions de faciès pendant la sédimentation de ces roches. Les relations parmi les „éléments à l'état de traces" (en allemand „Spurenelemente") sont caractérisées par de certaines proportions. Ces proportions permettent des conclusions pour le changement de faciès de sapropèle et de gyttja pendant la sédimentation. Les espèces des liaisons chimiques et minérales des „éléments à l'état de traces" sont discutées à fond. Les méthodes des recherches et les expériences, qui ont eu pour but l'éclaircissement des réactions métallurgiques, sont décrites de même.

Inhaltsverzeichnis

Im Mineralogischen Institut der Universität Freiburg im Breisgau (Dir. Prof. Dr. H. SCHNEIDERHÖHN) und mit Unterstützung der Notgemeinschaft der deutschen Wissenschaft führte Verfasser von 1936 bis Anfang 1939 Untersuchungen über das Vorkommen mehrerer seltener Elemente in Sedimentgesteinen durch.

Nach Abschluß orientierender Voruntersuchungen wurde die Arbeit ab 1937 durch Hinzutritt von Dr. CLAUS und Landesgeologe a. D. SPITZ als Geologen und Dr. PRELL als Chemiker auf eine wesentlich breitere Basis gestellt. Die Ergebnisse dieser Arbeiten, bei denen im allgemeinen stratigraphisch gut definierte Profilreihen aus den verschiedensten Teilen Süd- und Westdeutschlands zur Untersuchung gelangten, wurden jetzt erst veröffentlicht (SCHNEIDERHÖHN und Mitarb. 1949).

Zu der vorliegenden Untersuchung wurden im wesentlichen Ergebnisse verwendet, die Verfasser 1939—1942, bei seinen im Auftrage des Oberbergamtes Freiberg, in Thüringen durchgeführten Arbeiten erhielt. Auch die im folgenden behandelten Versuche zur Gewinnung von Vanadium und Molybdän aus diesen Rohstoffen wurden in diesen Jahren durchgeführt. Die zum Vergleich angeführten Analysen von Kiesel- und Alaunschiefern aus der Lausitz und der Tschechoslowakei, zu denen ich das Material Herrn Prof. PIETZSCH (Freiberg) verdanke, entstanden im Sommer 1945. Die rezenten Meeresbodenproben stellte mir liebenswürdigerweise Prof. PRATJE (Hamburg) 1949 zur Verfügung. Prof. LISSNER (Freiberg) führte in seinem Institut die Kohlenstoffbestimmungen an diesen Meeressedimenten durch, wofür ich ihm sehr zu Dank verpflichtet bin.

Auch den Herren Prof. SCHREITER (†) und Prof. SCHUMACHER (Trepca) bin ich für ihre liebenswürdige Unterstützung sehr zu Dank verpflichtet. Prof. SCHUMACHER gab mir die entscheidende Anregung zur Zusammenfassung dieser Untersuchungen.

I. Allgemeine Übersicht und petrographische Kennzeichnung der untersuchten Gesteinstypen

Die vorliegende Untersuchung beschäftigt sich in erster Linie mit den thüringischen Alaun- und Kieselschiefern und den in ihnen vorkommenden Schwermetallspuren. Dabei stellen die Kieselschiefer den eigentlichen Normaltyp dar, der lokal in sogenannte Alaunschiefer übergeht. Praktisch besteht das ganze thüringische Obersilur aus diesen Gesteinen; im allgemeinen überwiegen im unteren Obersilur (Llandovery) die Kieselschiefer stark, während in jüngeren Schichten (Tarannon-Ludlow) die Alaunschiefer reichlicher vorhanden sind.

Es ist nicht beabsichtigt, hier Beiträge zur Stratigraphie des thüringischen Silurs zu geben. Für dieses, sowohl paläontologisch wie stratigraphisch schwierige Problem sei auf die einschlägige Literatur verwiesen. Die folgenden Arbeiten stützen sich besonders auf S. v. Bubnoff, auf die Erläuterungen zur geologischen Spezialkarte und z. T. auf die Arbeiten von R. Hundt.

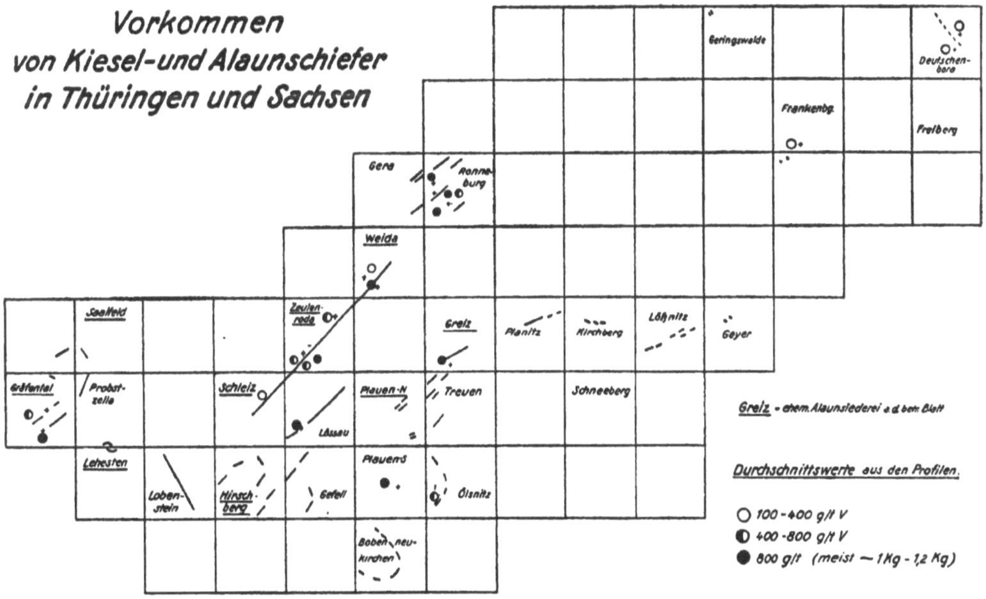

Geolog. Landesanst. Zweigst. Sachsen, Frbg Nr. 1426

Übersicht über das untersuchte Gebiet

Bedeutendere Kiesel- und Alaunschiefervorkommen finden sich vor allem in folgenden Teilen Thüringens: in Mittelthüringen bei Gräfenthal — Saalfeld, in Ostthüringen zwischen Schleiz — Lössau und Ronneburg, sowie im Vogtlande bei Greiz und Plauen. Dazu kommen noch viele kleine und kleinste Vorkommen in Westsachsen und am Nordrand des Erzgebirges. Eingehend untersucht wurden vor allem die zuerst genannten Gebiete. Die kleinen Vorkommen bei Geringswalde, Frankenberg und Deutschenbora in Sachsen sind z. T. schlecht aufgeschlossen. Die Untersuchung dieser Vorkommen ergab, daß die Gehalte an seltenen Metallen hier wesentlich geringer sind als im Mittel- und Ostthüringer Raum. Eine Übersicht über die untersuchten Gebiete gibt die schematisierte Kartenskizze (Abb. 1). Auch die kleinen Vorkommen bei Deutschenbora und Frankenberg in Sachsen wurden einbezogen.

Petrographische Kennzeichnung der Kieselschiefer

Die Kieselschiefer sind Gesteine mit z. T. sehr hohen Kieselsäuregehalten, etwa von 80—95 % SiO_2. Kalk und Tonerde treten stark zurück. Im frischen Zustande enthalten sie einige Prozent kohlige Substanz und oft geringe Mengen Pyrit. Vielfach ist der Kohlenstoff durch sekundäre Vorgänge zerstört; es entstehen dann helle bis bräunliche Quarzgesteine. Feinschichtung ist recht selten; dagegen ist die Zerklüftung sehr stark, so daß das Gestein leicht in kleine, annähernd parallelepipedische Stücke zerfällt. Diese Zerklüftung, die dem weicheren Alaunschiefer fehlt, dürfte durch die sehr starke tektonische Beanspruchung veranlaßt sein. Wegen der großen Härte und der leichten Gewinnbarkeit werden die Schiefer vielfach als Schotter gebrochen. Die in diesen Gebieten häufige Bezeichnung „Kiesgrube" für Steinbrüche dürfte auf diese Verwendung zurückgehen. Mit einer Schwefelkiesgewinnung hat sie jedenfalls nichts zu tun.

Im Sinne GRUBENMANN's sind die Kieselschiefer als epizonalmetamorphe Gesteine anzusprechen. Über ihre chemische Zusammensetzung unterrichtet die folgende Analysentabelle. Zwei den Typus kennzeichnende Analysen seien hier gegeben; da die Alkalien und die Phosphorsäure nicht bestimmt wurden, geht die Summe nicht auf 100 auf:

	I	II
SiO_2	93,72	93,10
Fe_2O_3	2,54	1,48
TiO_2	0,12	0,64
Al_2O_3	1,98	1,46
MgO	0,48	0,51
CaO	0,12	0,15
S	—	0,49
C	0,27	1,48
H_2O^+	0,04	0,17
	99,27	99,48

I Stbr. „am Hübel" bei Lössau.
II Ronneburg, Fahrstraße nach Meerane.

Petrographische Kennzeichnung der Alaunschiefer

Eine scharfe Abgrenzung gegen die Kieselschiefer ist kaum möglich. Mit zunehmendem Pyrit- und Tonerdegehalt vollzieht sich der Übergang allmählich. Es handelt sich meist um kieselsäure- und kohlenstoffreiche Gesteine, deren Schwefelkiesgehalt nach Literaturangaben bis 8% betragen kann. Normalerweise ist der Kies so feinkörnig, daß er selbst mit der Lupe nicht erkennbar ist. Dort, wo das Gestein tektonisch stärker beansprucht wurde, treten gelegentlich Lagen und Augen von Kies auf. Eine Gewinnung dieses Materials hat auf thüringischen Vorkommen offenbar niemals stattgefunden. Dagegen bestand bis in dieses Jahrhundert hinein ein Abbau auf Schwefelkies bei der sonst ähnlichen, aber erheblich pyritreicheren Lagerstätte von Schweißing bei Mies in der Tschechoslowakei. Der Kohlenstoff liegt als „kohlige Substanz", nicht als Graphit vor. Stellenweise bildet er dünne Lagen; im allgemeinen ist er aber sehr fein eingesprengt. Die Alaunschiefer zeigen fast stets deutliche Feinschichtung; auf den Schichtflächen finden sich vielfach reichlich Graptolithen. Auf tektonische Beanspruchung reagierten die Schiefer mit sehr starker, bis in kleinste Bereiche gehender Fältelung, während die spröderen Kieselschiefer die erwähnte Klüftung erhielten. Stellenweise ziehen sich unregelmäßig gekrümmte, gut polierte und mit kohliger Substanz belegte Harnischflächen durch das Gestein.

Bei der Verwitterung entsteht aus dem Schwefelkies Schwefelsäure, die aus den tonigen Komponenten des Gesteins Alaune und sonstige Sulfate bildet. Diesem Prozeß verdankt das Gestein seinen Namen. Ein primärer Salzgehalt existiert selbstverständlich nicht.

Zur Orientierung über die chemische Zusammensetzung der Alaunschiefer seien folgende Analysen gegeben. Die erste wurde dem Werk von R. HUNDT (1940b, S. 311), entnommen und stellt ein besonders kohlenstoffreiches Gestein dar. Die zweite, neue Analyse dürfte der durchschnittlichen Zusammensetzung der Alaunschiefer besser entsprechen. Auch hier fehlt noch die Bestimmung der stets in geringen Mengen vorhandenen Alkalien und der Phosphorsäure.

	I	II
SiO_2	50,13	79,02
Al_2O_3	10,73	5,72
Fe_2O_3	2,27	0,80
CaO	0,40	0,13
MgO	1,00	0,51
FeS_2	7,53	3,10
C	22,83	10,18
H_2O	2,21	0,26
TiO_2	n. b.	0,45
S	n. b.	1,55

I Alaunschiefer Garnsdorf.
II Übersichtsmuster vom Weinberg bei Hohenleuben.

Bei fortschreitender Verwitterung bilden sich weiche, tripel- bzw. farberdeartige Massen, die vielfach in kleinem Umfange technische Verwendung fanden.

II. Untersuchungen über die Metallgehalte der Alaun- und Kieselschiefer

A. Bisher veröffentlichte Arbeiten

Auf Spurenmetalle sind die Alaun- und Kieselschiefer bislang kaum untersucht worden. Im Anfang des vorigen Jahrhunderts wurden lediglich einige Untersuchungen auf Gold durchgeführt, die ergebnislos blieben.

Etwa ein Jahr nach Beginn der Arbeiten des Verfassers (1937) haben R. HUNDT & W. KREBS einige Analysenergebnisse über die Molybdängehalte dieser Schiefer veröffentlicht. Die Ergebnisse, die von unseren Untersuchungen gut bestätigt werden, wurden vermittels chemischer Analysen an Material aus verschiedenen Horizonten gewonnen.

Wir lassen die von den Autoren genannte Analysentabelle folgen (zitiert nach HUNDT 1940b):

Fundort	Geologische Position	g/t Mo.
Raitzhain	Llandovery	260
Ronneburg (Lärchenhügel)	Wenlock	220
Hohenleuben	Llandovery	sehr wenig
Hohenleuben	Tarannon	220
Weckersdorf	Llandovery	260
Mielesdorf	hohes Llandovery	330
Unterkoskau	Llandovery	80
Frankendorf	Llandovery	290
Saalfeld	Llandovery	70
Saalfeld	Tarannon	400

Nach HUNDT & KREBS konnten in den Phosphoritknollen von Saalfeld weder Molybdän noch Gold festgestellt werden, wohl aber in dem Pyritschiefer der Feengrotten. Auch dieses Ergebnis können wir bestätigen. Keine der untersuchten Phosphoritknollen, auch aus den Hohenleubener Brüchen, wies nennenswerte Gehalte an Molybdän und Vanadin auf; auch Gold konnte nicht nachgewiesen werden.

Über den „Nickelgehalt ostthüringischer Diabase des Obersilurs" veröffentlichte HUNDT (1940 a) eine Untersuchung. (Analysen ebenfalls von Dr. KREBS). Die meisten der untersuchten Diabase kennzeichnet HUNDT selbst als Lagergänge; die Nickelgehalte wechseln von Spuren bis 0,15% (Hohenleuben). HUNDT betont, daß die meisten Diabase im untersten Gotlandium, seltener im Wenlock oder Ludlow, auftreten. Unsere im folgenden ausführlicher erörterte Ansicht geht dahin, daß bündige Beweise für einen Vulkanismus im Thüringer Gotlandium nicht erbracht sind und daß ein derartiger Vulkanismus hier nicht existiert hat.

Eigene Untersuchungen über den Metallgehalt dieser Diabase und über eine eventuelle Abgabe von Metallspuren an das Nebengestein ergaben, daß diese Diabase Nickel in Mengen von etwa 0,01—0,1% enthielten, daß Kobalt nur in geringen Spuren auftritt und daß auch Chrom vorhanden ist. Letzteres kann Werte von 0,02—0,08% erreichen. Eine Abgabe von Metallspuren an das Nebengestein konnte nirgendwo festgestellt werden, wie überhaupt ausgedehnte Kontakterscheinungen fehlen. Als besonders metallreich erwiesen sich die wesentlich jüngeren Paläopikrite.

Hier wie in allen folgenden Tabellen sind die Gehalte in g/t angegeben. (1 kg/t = 1000 g/t = 0,1).

Tabelle 1

Nr.	M	Ba	Sr	Mn	Cu	Zn	V	Cr	Mo	ZrO_2	Y_2O_3	Ga
1	1,2 m	2000	80	50	10	20	500	30	100	50	500	50
2	1,0 m	1000	50	10	—	10	800	40	100	20	100	50
3	1,0 m	3000	80	10	10	80	500	30	150	80	50	40
4	1,0 m	3000	80	20	20	80	50	20	80	80	100	100
5	1,0 m	2000	80	10	10	50	1000	50	200	50	80	80

B. Untersuchung einzelner Profile

Zur Feststellung, wie sich die seltenen Metalle innerhalb einzelner, geschlossener Profile verteilen, wurden seinerzeit umfangreiche Untersuchungen angestellt. Hier sollen nur die wichtigsten Profile besprochen werden. Die Probenahme und die geologische Alterseinstufung führten 1938 Dr. CLAUS und Landesgeologe a. D. SPITZ durch.

Ganz allgemein ist zu sagen, daß bei diesen Profilen eine exakte Probenahme in Form von größeren Schlitzmustern durchgeführt wurde. Die Muster wurden in der üblichen Weise geviertelt und auf Analysenmuster von ca. 1 kg Gewicht verarbeitet.

1. Profil vom alten Tagebau bei Schmiedefeld bei Saalfeld

Das folgende Profil stammt aus dem alten Tagebau des Alaunwerkes. Der Bruch liegt am Schluß eines Trockentales. Bemustert wurden nicht näher bestimmbare Schichten des unteren Graptolithenhorizontes. Die Spezialfaltung ist sehr ausgeprägt. Die Probe Nr. 1 besteht aus Alaunschiefer; nach unten nimmt Kieselschiefer zu. Die letzte Probe besteht aus Alaun- und Kieselschiefer zu annähernd gleichen Teilen.

Die Titangehalte liegen in allen Proben über 1% TiO_2; Nickel war in keiner Probe nachweisbar.

Zumeist ist weder das Hangende noch das Liegende aufgeschlossen, so daß eine genaue Einordnung innerhalb der Altersfolge des Silurs nicht möglich ist. Auch sind die petrographischen Unterschiede der einzelnen Schichten gering. Leitfossilien fehlen vielfach, erlauben überdies hier auch noch keine genaue Altersgliederung. Dazu kommt der tektonisch überaus komplizierte und noch keinesfalls geklärte Bau des untersuchten Gebietes. Bei der Probenahme wurde daher fast stets petrographisch annähernd gleiches Material zusammengefaßt, soweit es nicht durch auffallende Unstetigkeitsflächen getrennt war.

2. Profil bei Schmiedefeld bei Gräfenthal

Profilentnahmestelle ist die Wegböschung am NW-Hang des Trockentales zwischen dem Tagebau und dem Stollen des alten Alaunwerkes. Da der Weg stärker fällt als die Schichten, erschließen die nicht zusammenhängenden Einzelaufschlüsse (A-G) von oben nach unten immer tiefere Horizonte.

Die tiefsten aufgeschlossenen Schichten gehören den Zonen 11/12 an; in kurzer Entfernung vom letzten Aufschluß stehen Lederschiefer des Untersilurs an. In den obersten Schichten des Profils finden sich Graptolithen der Zone 16/15. Bei der Messung der Schichtmächtigkeiten ist hier die Spezialfaltung berücksichtigt.

Über die Ergebnisse der Untersuchungen unterrichtet die folgende Tabelle. Bemerkt sei, daß Probe G aus Alaunschiefern mit sehr wenig Kieselschieferlagen besteht. Das Muster ist reich an Graptolithen der Zone 16/15. Muster F bis B_4 besteht aus Alaun- und Kieselschiefer, letzterer nach unten zunehmend. Die Proben A_{1-4} bestehen nur noch aus Kieselschiefer. Unter M ist hier, wie in allen folgenden Analysen, die Mächtigkeit in Metern zu verstehen.

Vanadium und Molybdän sind deutlich in den jüngeren Schichten angereichert (Zone 15/16), die hier aus Alaunschiefern bestehen. Auch Chrom und Nickel zeigen, allerdings nicht so deutlich, diese Tendenz. Kupfer, Zink und die hier auffällig geringen Mangangehalte sind ziemlich gleichmäßig über das Profil verteilt. Gallium sollte wegen seines Ionenradius (0,62 Å) das Aluminium (Radius 0,57 Å) begleiten und daher ebenfalls im aluminiumreicheren

Alaunschiefer angereichert sein. Die Tendenz hierzu ist zwar meßbar; auffällig ist aber die Anreicherung in den kieselschieferreichen Proben der Gruppe B.

3. Hohenleuben

Kiesgrube am Weinberg — Bruch von Fr. Schmeisser —. Nach Angabe von Dr. Claus, der die Probenahme durchführte, enthält Probe Nr. 1 Graptolithen der Zone 10/11; in Probe Nr. 10 sind die Zonen 14/15 vertreten. Dazwischen kommen lückenlose Übergänge der Zonen 11—14 vor. Das Gesteinsmaterial ist durchweg frisch, kohlenstoffreich und tektonisch sehr stark durchbewegt.

Es fällt auf, daß die in den westthüringischen Vorkommen auftretenden hohen Bariumgehalte hier und in den anderen Vorkommen dieses Gebietes fehlen. Die Strontiumgehalte haben hier die gleichen Größen wie im westthüringischen Gebiet.

4. Büchersmühle bei Zeulenroda

Das Profil stammt aus dem obersten Bruch des alten Alaun- und Farberdewerkes. Es gehört der Zone 15/14 des unteren Graptolithenhorizontes an. Das Material ist nicht frisch; es besteht aus schwarzen oder schwarzbraunen Farberden mit z. T. erhaltenen Kieselschiefereinlagerungen.

5. Weckersdorf bei Zeulenroda

Staatliche Kiesgruben an der Straße nach Zeulenroda, etwa 1 km nordöstlich Weckersdorf. Proben Nr. 1—4 bestehen aus weichem, farberdeartigem Material; harte Einlagerungen sind selten. Seiner Altersstellung nach gehört das Material zum unteren Graptolithenhorizont des Obersilurs (Zone 10—12). Die Proben a—d stammen aus demselben Bruch, aber aus einer an einer Verwerfung abgesunkenen Partie, deren Zersetzung anders verlief und wesentlich kohlenstoffreicheres Material zurückließ.

6. Profil bei Weckersdorf bei Zeulenroda

Fundort ist die Kiesgrube westlich der Straße nach Zeulenroda, etwa 1 km nordöstlich Weckersdorf, der sogenannte Seifert'sche Bruch. Aufge-

Tabelle 2

Nr.	M	Ba	Mn	Ni	Cu	Zn	V	Mo	Cr	Ga
G	1,1	700	10	50	10	50	700	100	30	90
F	1,2	2000	30	80	20	60	700	80	60	70
E	1,0	2000	—	30	10	70	800	100	60	20
D_1	1,0	1500	10	80	20	50	600	90	30	30
D_2	1,0	1000	10	70	10	40	200	90	20	40
C_1	1,0	300	—	30	20	40	600	70	30	60
C_2	0,8	1000	10	50	20	20	300	50	20	50
C_3	1,0	2000	—	50	20	50	400	70	20	—
C_4	0,6	1500	10	70	30	60	400	80	40	30
B_1	1,0	100	—	10	10	40	400	40	20	80
B_2	1,0	200	—	10	20	40	400	50	20	80
B_3	1,0	300	—	20	10	30	300	30	20	40
B_4	0,7	200	20	40	20	40	100	40	—	40
A_1	1,0	100	—	20	20	60	100	—	20	50
A_2	1,0	100	—	10	20	50	100	40	10	50
A_3	1,0	200	30	40	20	40	400	40	10	50
A_4	0,5	100	—	20	10	—	200	—	10	70

Tabelle 3

Nr.	M	Ba	Sr	Mn	Ti	Ni	Cu	Zn	V	Cr	Mo
1	1,0	400	200	200	1000	30	100	—	400	20	80
2	0,9	150	80	—	500	10	10	70	1500	30	300
3	1,0	200	100	—	300	20	30	70	800	20	100
4	1,0	150	100	—	200	10	30	—	1000	30	200
5	1,3	800	200	20	1000	30	70	80	1000	30	200
6	0,9	300	200	10	1500	50	100	100	1200	20	300
7	1,0	200	100	10	1000	20	100	80	1000	30	200
8	1,2	100	50	—	300	10	20	—	2000	50	400
9	1,0	500	200	20	1000	30	70	50	600	30	200

Tabelle 4

Nr.	M	Ba	Sr	Mn	Ni	Cu	Zn	Mo	V	Cr	Ga
1	1,0	500	40	40	30	30	100	80	800	20	200
2	1,0	400	30	30	20	10	100	100	1000	30	300
3	1,0	1000	50	50	30	70	70	70	600	20	200
4	1,0	3000	200	70	200	20	70	40	500	40	100
5	1,0	2000	300	200	300	10	80	50	80	40	200
6	0,7	1000	50	60	60	30	100	40	600	20	200

Tabelle 5

Nr.	M	Mn	Ti	Ni	Cu	Zn	V	Mo	Cr
1	1 m	20	80	80	50	80	60	50	50
2	1 m	—	100	50	20	50	1000	300	80
3	1 m	10	800	10	100	80	800	200	200
4	1 m	50	500	100	800	100	300	100	50
a	1 m	20	2000	30	50	70	900	50	40
b	1 m	40	800	40	100	100	200	60	10
c	1 m	50	1000	40	50	70	700	200	20
d	1 m	60	500	80	60	90	300	100	10

Tabelle 6

Nr.	M	Ba	Sr	Mn	Ti	Cu	Zn	Ni	Cr	V	Mo
1	1,0	100	50	10	300	10	40	10	40	1200	200
2	1,0	100	40	10	200	10	—	20	50	100	100
3	1,0	500	60	30	600	40	40	30	30	1000	100
4	1,0	200	50	20	300	10	—	30	10	500	100
5	1,0	300	40	10	500	20	30	30	20	700	200
6	1,3	300	50	80	800	40	40	40	20	1000	200
7	1,0	100	10	10	800	50	40	20	50	1200	400
8	0,7	50	30	—	200	10	40	10	10	1000	200

Tabelle 7

Nr.	M	Ba	Sr	Ni	Zn	Cu	Cr	V	Mo	Y_2O_3	ZrO_2
1	1,0	200	60	200	—	100	30	200	80	50	80
2	1,0	300	40	200	100	100	40	1000	200	80	80
3	1,0	200	60	50	—	—	50	1000	90	80	10
4	1,8	300	300	—	50	20	60	600	150	—	—
5	1,0	2000	80	80	80	200	70	1000	200	50	50
6	1,0	200	10	50	100	100	50	700	150	10	—
7	1,0	300	60	50	100	20	80	2000	200	—	10

schlossen ist der untere Graptolithenhorizont des Obersilurs (Zone 14—12).

Petrographisch handelt es sich um Kieselschiefer mit nach unten zunehmenden, dünnen, lederbraunen Lagen von unfrischem Alaunschiefer. Mengenmäßig überragt aber Kieselschiefer durchaus. In tieferen Zonen ist auch der Alaunschiefer frischer.

7. Profil bei Rückersdorf

Fundort ist die Grube (Kiesgrube) von E. Bock in Rückersdorf bei Ronneburg. Bemustert wurde die nördliche Bruchwand und Bruchsohle. Im Bruch kommen Graptolithen der Zonen 14/15 vor. In Muster Nr. 1—3 überwiegen Kieselschiefer stark vor Alaunschiefern; in Nr. 4—7 sind beide in etwa gleichen Teilen enthalten. Das Material ist durchweg frisch und tiefschwarz.

Probe Nr. 1 und 2 enthielten 0,001 % Mangan, Probe Nr. 5 0,002 %; in den anderen Proben ist nur Mn nicht nachweisbar. Die Gehalte an Titan liegen in allen Mustern um etwas über 0,1 %.

Auffällig ist, daß eine deutliche Anreicherung von Vanadin und Molybdän in den alaunschieferreichsten Proben nicht besteht. Nickel sowie Yttrium und Zirkonoxyd sind deutlich in den Kieselschiefern angereichert. Übrigens sind die hier gefundenen Gehalte an Oxyden der seltenen Erden und Zirkon typisch für alle untersuchten Alaun- und Kieselschiefer, wobei in allen Fällen eine deutliche Anreicherung in den kieselschieferreichsten Proben festzustellen war.

8. Profil bei Ölsnitz im Vogtland

Steinbruchsgelände am Engelspöhl. Aufgeschlossen ist der untere Graptolithenhorizont des Obersilurs. Gruppe A stammt aus der Ostwand des mittleren Bruches, mittlere Sohle. Es sind durchweg Kiesel- und Alaunschiefer im engen Wechsel. Gruppe B stammt aus der oberen Sohle, Ostwand desselben Bruches. Nr. 1 ist Kiesel- und Alaunschiefer, Nr. 2 und 3 hellgrauer, poröser Schiefer. Gruppe C stammt aus dem westlichen Bruch, von der Spitze eines stehengebliebenen Rückens. Nr. 1 besteht überwiegend aus Alaunschiefer, Nr. 2 aus zersetztem Alaunschiefermaterial. Gruppe D wurde von der Südwand desselben entnommen, am Beginn des schräg durch die Wand führenden Weges. Es handelt sich um Alaunschiefer, wobei Nr. 3 durch eine gewisse Pyritführung ausgezeichnet ist. Die Profile haben keinen Zusammenhang untereinander.

Auch in diesem Profil besteht keine Abhängigkeit des Vanadin- und Molybdängehaltes vom Anteil an Alaunschiefer in der Probe. Auffällig ist dagegen, daß der poröse, hellgraue Schiefer an diesen Metallen deutlich verarmt ist. Auch die pyritreiche Zone D_3

Tabelle 8

Nr.	M	Ba	Sr	Mn	Ti	Cu	Zn	Ni	Cr	V	Mo
A_1	1,0	200	30	200	—	10	30	70	60	600	200
2	1,0	200	30	500	10	10	50	30	30	500	100
3	1,0	150	40	700	10	10	40	60	30	300	100
4	1,0	200	30	1500	10	20	80	40	50	500	100
5	1,0	100	40	800	10	10	30	40	50	700	200
6	1,0	100	20	700	10	10	30	40	40	500	100
B_1	0,85	300	30	1000	10	20	80	30	30	500	100
2	1,0	1000	100	1500	40	30	—	70	40	40	30
3	0,75	5000	200	1800	80	20	—	30	40	40	20
C_1	0,95	400	60	1200	40	30	—	40	70	40	200
2	0,25	500	100	1000	300	80	200	60	50	400	300
D_1	1,0	500	80	1000	70	30	50	30	50	700	200
2	1,0	300	10	1200	20	20	30	40	50	500	100
3	0,35	500	50	1000	200	30	20	60	30	10	—

Tabelle 9

Nr.	M	Material	Mn	Ti	Ni	Cr	V	Mo
1	1 m	schwarzbrauner Alaunschiefer	60	800	200	70	800	80
2	1 m	brauner Alaunschiefer mit Kieselschiefer . .	20	1000	100	70	1500	200
3	0,8 m	Kieselschiefer mit etwas Alaunschiefer	10	600	60	100	1000	700

enthält diese Metalle nur in sehr geringem Ausmaße. Bemerkenswert ist die starke Anreicherung von Barium in dem hellgrauen Gestein. Kupfer, Nickel und Mangan sind besonders in dem zersetzten Alaunschiefer C_2 angereichert. Zink, Chrom und Titan sind ziemlich gleichmäßig verteilt, wobei Titan allerdings die alaunschieferreicheren Partien offenbar bevorzugt.

9. Kürbitz bei Plauen im Vogtland

Das Material stammt aus einem alten Steinbruch ca. 0,3 km östlich Punkt 410,3. Es gehört dem unteren Graptolithenhorizont des Obersilurs an, wahrscheinlich Zone 15.

C. Untersuchung der horizontalen Verteilung der seltenen Metalle innerhalb eines Aufschlusses

1. Geolog. Position des Vorkommens

(Weinberg bei Hohenleuben)

Um die horizontale Verteilung von Vanadin und Molybdän kennenzulernen, war die Durchführung einer eingehenden Bemusterung eines Vorkommens erforderlich. Als besonders gut aufgeschlossenes Gebiet kam der als Graptolithenfundort berühmte Weinbergbruch bei Hohenleuben in Betracht. Hierbei handelt es sich nicht um einen einzigen Steinbruch, sondern um eine Vielzahl von Abbauörtern und Abbausohlen, die den verschiedensten Besitzern gehören. Das ganze Gebiet ist etwa 200 × 400 m groß und liegt ca. 1 km nordwestlich von Hohenleuben. Die Bemusterung und Vermessung des Gebietes wurde von Herrn Dipl.-Ing. v. Sivers 1942 durchgeführt.

Das Vorkommen gehört in das Gebiet des Pausa-Bergaer Sattels, dessen Alaun- und Kieselschiefer neben der relativ einfachen Großtektonik einer kaum entwirrbaren Spezialtektonik unterworfen wurden. Infolge der starken Durchbewegung finden sich vielfach Harnischbildungen und bis in kleinste Bereiche gehende Zerklüftung. Diese ist z. T. durch Milchquarzäderchen verheilt.

In den oberen Zonen des Vorkommens überwiegen kohlenstoffreie, helle, kieselige oder tonig-quarzige Gesteine. Die tieferen Zonen sind durch einen beachtlichen Kohlenstoffgehalt ausgezeichnet. Auch sind Schwefelkieslagen und -nester parallel zur Schieferung nicht selten. Häufig können relativ gut ausgebildete Pyritwürfelchen von einigen Millimetern Kantenlänge beobachtet werden. Über die zahlreich vorkommenden Graptolithen hat z. B. Hundt mehrfach berichtet.

Über die Ausdehnung des Vorkommens und die Lage der Probepunkte unterrichtet die Karte (Abb. 2 und 3). Die Proben wurden zumeist als Schlitzproben über die ganze Böschungshöhe genommen; die weitere Behandlung geschah in der üblichen Weise.

In die Karte wurden die Analysenresultate eingetragen, wobei die Werte in einzelne Gruppen zusammengefaßt wurden. Dabei ergibt sich, daß die ohnehin wenig schwankenden Molybdängehalte nicht in einzelnen Zonen besonders angereichert sind. Im Durchschnitt enthalten die Gesteine des Weinbergbruches 170 g Molybdän pro Tonne Gestein.

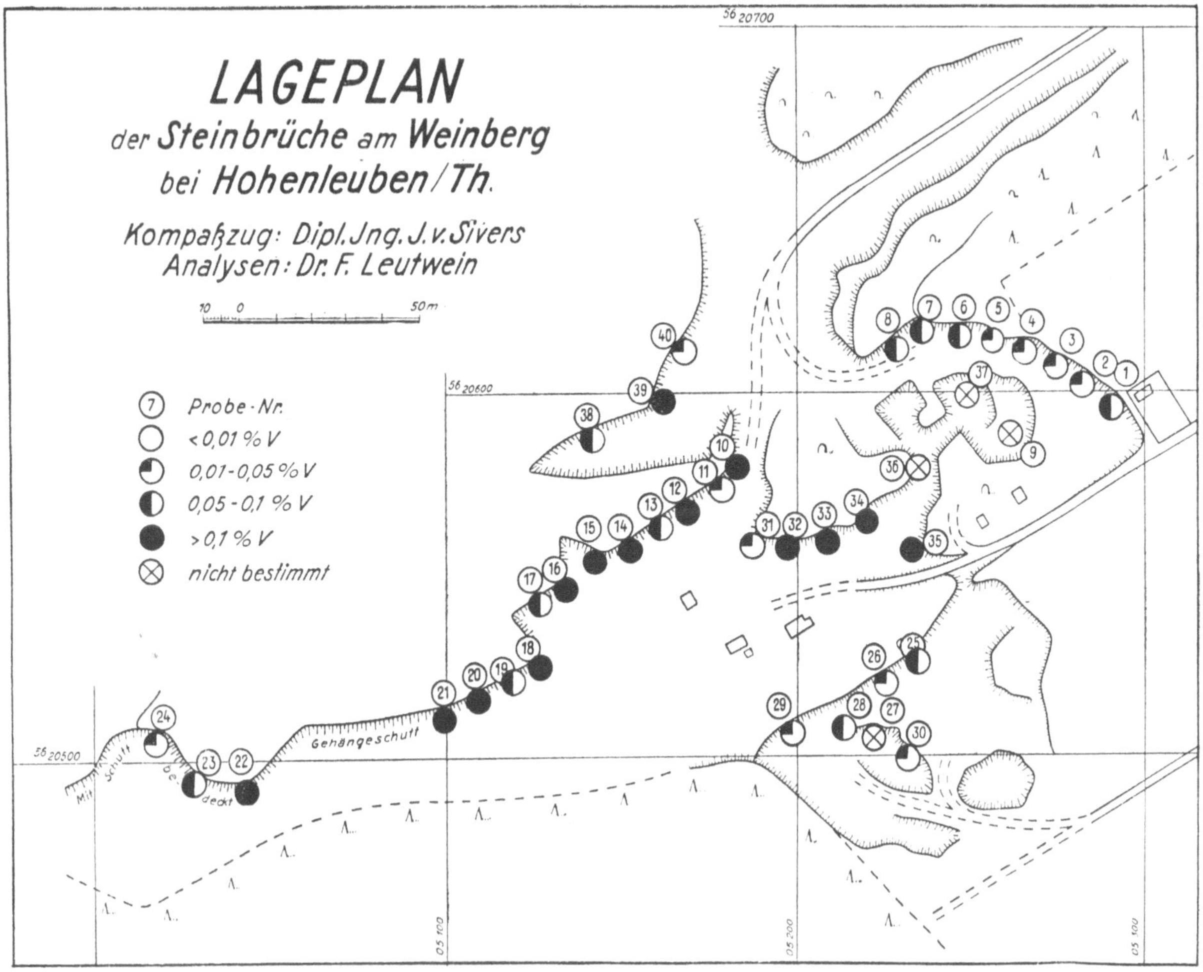

2. Analysenergebnisse

Eine zahlenmäßige Darstellung der erhaltenen Analysenwerte gibt die folgende Tabelle:

Tabelle 10

Nr.	g/t V	g/t Mo	Bemerkung	Nr.	g/t V	gt Mo	Bemerkung
1	1200	250	grau	21	1800	150	oxyd.
1 x	50	200	oxyd.	22	1800	200	grau
2	300	280	kohlig	23	1000	150	grau
3	200	70	kohlig	24	400	170	kohlig
4	300	170	kohlig	25	800	170	kohlig
5	200	250	kohlig	26	200	120	kohlig
6	500	170	oxyd.	27	200	160	kohlig
7	500	200	kohlig	28	600	170	kohlig
8	500	150	kohlig	29	300	380	kohlig
9	500	200	kohlig	30	200	120	kohlig
10	1000	150	grau	31	800	80	kohlig
11	300	190	kohlig	32	1600	200	grau
12	70	60	oxyd.	33	1500	190	grau
13	600	180	kohlig	34	1100	160	grau
14	1800	100	oxyd.	35	1800	110	oxyd.
15	1800	100	grau	36	800	140	oxyd.
16	1200	230	oxyd.	37	600	160	kohlig
17	1000	100	oxyd.	38	700	180	kohlig
18	1200	200	grau	39	800	80	grau
19	1000	180	grau	40	500	130	kohlig
20	1200	240	grau				

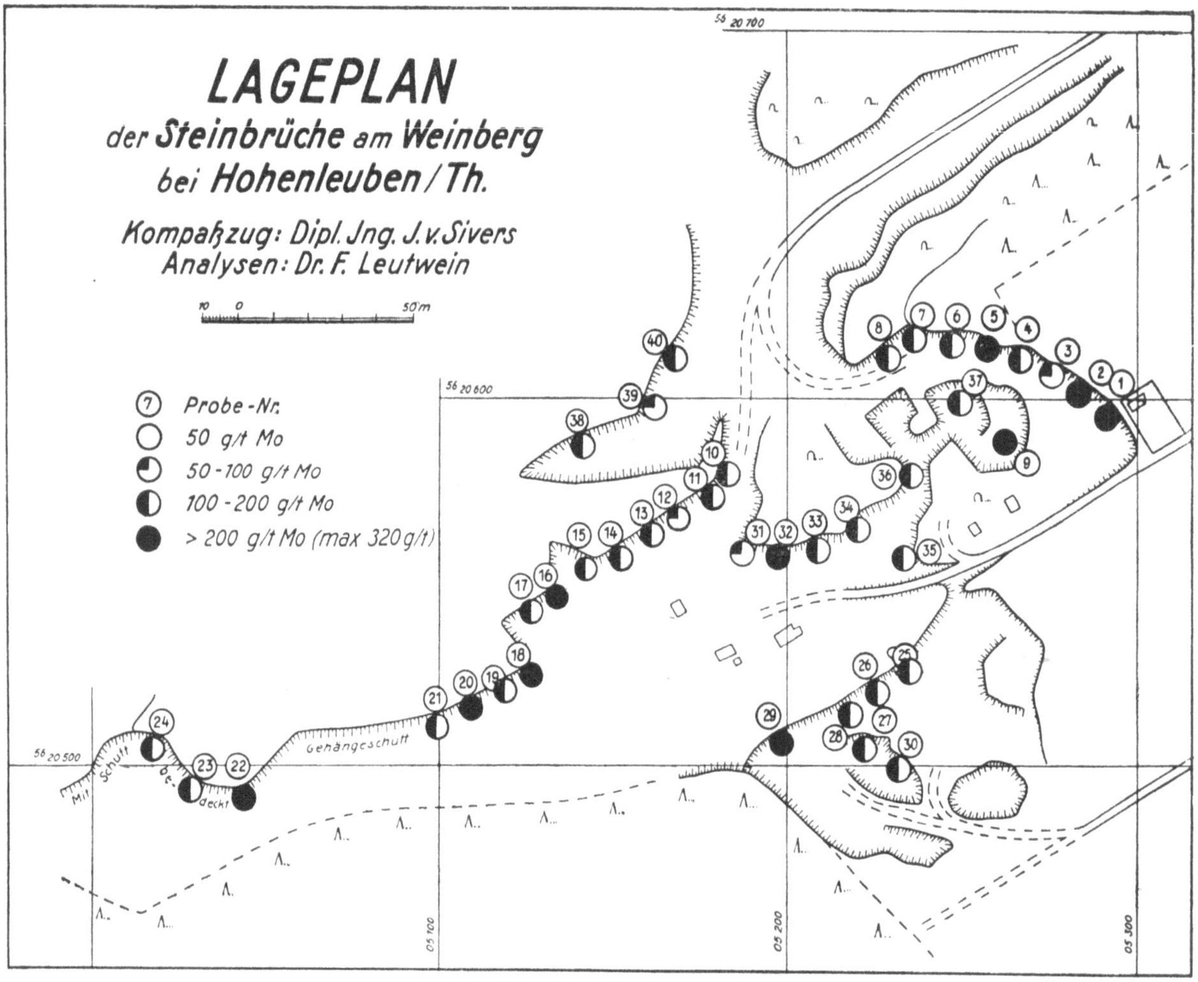

Die Vanadinwerte schwanken sehr viel stärker; der Durchschnittsgehalt liegt bei etwa 800 g Vanadin/t. Anders als bei den Molybdängehalten ist Vanadin in einer langgestreckten Zone etwa in der Mitte des Vorkommens besonders angereichert. Die Längsachse der Zone entspricht ungefähr dem Streichen des Gesteins. In dieser Zone von etwa 8700 m² beträgt der durchschnittliche Vanadingehalt rund 1,4 kg pro Tonne Haufwerk. Die Mächtigkeit dieser Zone ist nicht bekannt; pro Meter Teufenerstreckung würden hier rund 20000 t mit insgesamt 2800 kg V und 340 kg Molybdän anfallen.

Auffällig ist, daß auch hier eine Parallelität zwischen den Vanadin- und Molybdängehalten nicht besteht. Auch besteht keine Abhängigkeit des Metallgehaltes vom Kohlenstoff- oder Pyritgehalt des Gesteins.

Spektrographische Untersuchungen verschiedener Pyrite von Hohenleuben und anderen Vorkommen ergaben stets, daß der Schwefelkies selbst von Vanadin und Molybdän frei ist. Immer sind dagegen geringe Nickelgehalte nachweisbar. Der Kobaltgehalt des Pyrits beträgt etwa ein Zehntel des Nickelgehaltes. Außerdem ist wenig Zink, Blei und Kupfer nachweisbar. Der Pyrit entspricht damit dem sedimentären Leks-dal-Typ von C. W. Carstens. Gold und Silber waren nicht nachweisbar (Nachweisgrenze für Gold: 0,1 g/t). Dieser Befund ist um so interessanter, als in einigen Sammelmustern von Kieselschiefer aus diesem Vorkommen etwa 0,2—0,6 g/t Gold nachgewiesen werden konnten (Näheres hierzu siehe Abschnitt VI).

3. Auswertung der Ergebnisse

Die vorliegende Zahl von ca. 40 Analysen läßt eine eingehende statistische Untersuchung natürlich nicht zu; einige Ergebnisse sind aber doch ableitbar. In den folgenden Tabellen sind die Analysenresultate gruppenweise für Vanadin und Molybdän, getrennt nach kohlehaltigem und kohlefreiem Schiefer, zusammengefaßt. Auf die Berechnung der Häufigkeitsprozente wurde wegen der zu geringen Analysenzahl verzichtet.

Vanadin

Gehaltsstufen g/t V	mit Kohle Zahl	kohlefrei Zahl	Gesamtwerte Zahl
0— 50	0	0	0
50— 100	1	2	3
100— 250	5	0	5
250— 500	5	1	6
500— 750	7	2	9
750—1000	4	3	7
1000—2500	6	6	12
über 2500	0	0	0

Molybdän

Gehaltsstufen g/t Mo	mit Kohle Zahl	kohlefrei Zahl	Gesamtwerte Zahl
0— 50	0	0	0
50— 75	1	2	3
75—100	3	4	7
100—250	21	8	29
250—500	3	0	3
über 500	0	0	0

Aus den Tabellen ergibt sich, daß die Vanadingehalte sehr starken Schwankungen unterworfen sind. Etwa 50 % aller Werte liegen zwischen 200 und 500 g/t V. Eine Abhängigkeit vom Kohlenstoffgehalt des Gesteins besteht offenbar nicht. Bei dem hier untersuchten Vorkommen enthalten 30 % aller Proben keinen Kohlenstoff.

Ganz anders verhält sich das Molybdän, dessen Werte sehr viel weniger streuen. 50 % aller untersuchten Proben enthalten etwa 150—250 g/t Mo. Auch hier besteht kaum eine Abhängigkeit vom Kohlenstoffgehalt.

4. Früherer und heutiger Kohlenstoffgehalt

Festzuhalten ist, daß auch die heute völlig ausgebleichten, kohlefreien Partien früher ähnliche Kohlenstoffgehalte besessen haben wie die noch heute unverändert schwarz gefärbten Vorkommen. Worauf die stellenweise sehr ausgeprägte Entkohlung im einzelnen Falle zurückzuführen ist, läßt sich nicht mit Sicherheit sagen. Z. T. mag wohl eine etwas anders als heute verlaufende, geologisch ältere, tertiäre bis diluviale Verwitterung die Hauptrolle gespielt haben. Eine Mobilisierung der Metallgehalte des Schiefers brachte dieser Entkohlungsprozeß nicht mit sich.

Der Prozeß der Kohlenstoffanreicherung durch die Zersetzung der Alaunschiefer wie derjenige der Entkohlung der Kieselschieferpartien überlagern sich so, daß eine genaue Feststellung des ursprünglichen Kohlenstoffgehaltes des Gesteins nicht ohne weiteres möglich ist. Immerhin läßt sich feststellen, daß die offenbar von vornherein kohlenstoffärmeren tonschieferartigen Partien, in die gelegentlich die Kieselschiefer übergehen, ganz wesentlich ärmer an Vanadin und Molybdän sind. Auch die silurischen Lederschiefer enthalten diese Metalle nicht oder nur in geringen Spuren.

Die starke Absätzigkeit der Vanadingehalte und ihr schlieren- oder zonenartiges Vorkommen innerhalb äußerlich scheinbar homogener Gesteinsfolgen wird auch in geologisch jüngeren Gesteinen beobachtet (s. LUYKEN & KIRCHBERG 1944). Sehr wichtig ist daher die Probenahme, vor allem aber, daß in jedem Falle Muster ausreichender Größe genommen werden, worauf auch LUYKEN nachdrücklich hinweist. Ob diese starken Schwankungen des Vanadingehaltes schon ursprünglich vorhanden waren oder erst im Laufe weiterer Alterungsprozesse (Diagenese, Metamorphose), läßt sich zwar nicht mit völliger Sicherheit entscheiden. Sehr wahrscheinlich handelt es sich aber um eine primäre Eigenschaft der betreffenden Sedimente, da andernfalls die ausgeprägte Gleichmäßigkeit des Molybdängehaltes ebenfalls nicht vorhanden sein dürfte. Wir sind der Ansicht, daß dem Wechsel der Vanadin-Molybdän-Nickel-Führung Änderungen der faziellen Verhältnisse bei der Gesteinsbildung entsprechen. Insbesondere dürfte es sich um Übergänge von Gyttja zur Sapropelfazies handeln; diese Übergänge können sich sehr wohl auf geologisch kleinen Bereichen in mehrfachem Wechsel vollzogen haben, ähnlich, wie dies heute noch z. B. in gewissen Stellen der Ostsee der Fall ist.

Eine Abwanderung des Vanadins erfolgt, wie oben gezeigt wurde, erst in den letzten Stadien der Verwitterung oder bei höheren Stufen der Gesteinsmetamorphose (Meso- bis katazonale Bedingungen, s. hierzu LEUTWEIN 1939).

D. Gehalte der Spurenmetalle in verschiedenen Vorkommen

1. Sammelproben aus einzelnen Vorkommen

Die folgende Tabelle gibt die Analysenergebnisse von Proben aus verschiedenen Aufschlüssen. Die Probenahme selbst erfolgte in der sonst üblichen Weise durch Auflesen einiger Handstücke, die dann zerkleinert und zum Analysenmuster herabgeviertelt wurden. Kohlenstoff, Titan, Vanadin, teilweise auch Mangan und Molybdän, wurden chemisch-photometrisch und spektralanalytisch bestimmt. Die Tabelle gibt die Mittelwerte der gut übereinstimmenden Analysen. Die anderen Spurenmetalle wurden mehrfach spektralanalytisch bestimmt.

Erläuterungen zu den einzelnen Analysen

Nr. 1: Rückersdorf bei Ronneburg.
Kiesgrube von E. BOCK; Unt. Obersilur.
Durchschnittsprobe über ca. 2,5 m gebleichten und zersetzten Kieselschiefer (Liegendes: frische, schwarze Schiefer).

Nr. 2: desgleichen — frische, liegende Schiefer.

Nr. 3: Kürbitz/Vogtl.
Stbr. 300 m ö. P 410, 3; Unt. Obersilur.
Verlassener Steinbruch; Hangend: zersetzter Diabas und verwitterter Schiefer; Schlitzmuster über 3 m Mächtigkeit (Schiefer z. T. kohlig).

Nr. 4: Limbach bei Deutschenbora.
Kiesgrube bei P. 300,2 n. Limbach; Unt. Obersilur, bankiger Kieselschiefer; Schlitzmuster über 2 m Mächtigkeit.

Nr. 5: Lampersdorf bei Deutschenbora.
Kiesgrube 300 m n. d. Baeyerhöhe; Unt. Obersilur, schwach durch den Meißener Syenit metamorphosiert; Stichprobe.

Nr. 6: Weckersdorf bei Zeulenroda.
Kiesgrube a. d. Straße Weckersdorf-Zeulenroda ca. 1 km nordöstlich Weckersdorf; Unt. Obersilur. Weiche, zersetzte Alaunschiefer, wenig Kieselschiefer, Teile braun; Übersichtsmuster.

Nr. 7: desgleichen, erheblich kohlenstoffreicher.
Zersetzter Alaunschiefer; an einer Verwerfung abgesunken, sonst wie vor.

Nr. 8: Büchersmühle bei Zeulenroda.
Östlicher Bruch des ehemaligen Alaunwerkes; Unt. Obersilur; Zone 15/14. Im wesentlichen Alaunschiefer, zersetzt, „farberdeartig".

Tabelle 11

1. Einzelanalysen verschiedener sächsisch-thüringischer Vorkommen

Nr.	Mn	Ti	Cu	Zn	Ni	V	Mo	Cr	Co	C
1	60	900	10	50	50	1200	20	30	n. b.	oxyd.
2	20	900	10	n. b.	50	800	200	n. b.	n. b.	102000
3	40	1000	n. b.	n. b.	120	1200	300	100	n. b.	kohlig
4	10	600	n. b.	n. b.	80	400	60	15	n. b.	kohlig
5	100	60	n. b.	n. b.	150	150	10	10	n. b.	kohlig
6	20	500	80	50	50	900	250	60	n. b.	kohlig
7	40	1200	70	60	40	700	80	10	n. b.	kohlig
8	50	n. b.	30	70	10	700	50	20	n. b.	kohlig
9	400	200	60	60	20	350	80	40	n. b.	kohlig
10	1000	50	10	—	30	400	200	50	n. b.	kohlig
11	700	20	50	—	20	500	100	30	n. b.	kohlig
12	20	1500	10	30	20	600	100	20	n. b.	kohlig
13	35	1300	30	40	100	1500	300	n. b.	20	91000
14	50	1200	25	25	80	1500	400	n. b.	10	60000
15	40	1300	70	50	50	300	100	n. b.	10	oxyd.
16	90	110	15	40	—	1000	400	n. b.	—	83000
17	25	900	20	n. b.	—	700	300	n. b.	—	oxyd.
18	20	100	60	70	70	800	300	n. b.	20	oxyd.
19	20	900	10	n. b.	50	800	200	n. b.	10	102000
20	60	900	10	n. b.	n. b.	1500	200	n. b.	n. b.	oxyd.
21	35	400	20	n. b.	60	400	200	n. b.	10	kohlig
22	20	500	10	n. b.	50	800	200	n. b.	20	oxyd.

Nr. 9: Döhlen bei Hohenleuben (am Wachtberg).
Alaunschiefer, Ludlow, schwach kontaktmetamorph durch Diabas.

Nr. 10: Ölsnitz/Vogtl.
Stbr. am Engelspöhl, westl. Bruch; Alaunschiefer.

Nr. 11: desgleichen.
Mittl. Bruch, Kiesel- und Alaunschiefer.

Nr. 12: Schmiedefeld bei Gräfenthal/Th.
Alter Tagebau; Unt. Obersilur.

Nr. 13: Ronneburg.
Stadtpark, Steilhang ö. d. Baches (9,1 % C).

Nr. 14: desgleichen.
Steinbruch am Igelsberg (6,0 % C).

Nr. 15: desgleichen.
Sonderprobe aus einer ca. 3 m mächtigen Ruschel, oxyd. Material.

Nr. 16: desgleichen.
Landstraße ca. 1 km östl. Ronneburg (8,3 % C).

Nr. 17: Rückersdorf.
(Östl. Talseite), oxyd. Material.

Nr. 18: desgleichen.
N-Teil des Bruches, z. T. mit Sulfatausblühungen, oxyd. Material.

Nr. 19: desgleichen.
Stbr. von E. Bock, westl. Talseite (10,2 % C).

Nr. 20: desgleichen.
Hangende Kieselschiefer, oxyd. Material.

Nr. 21: Naulitz.
Steinbruch bei dem Dorf.

Nr. 22: Rußdorf.
Steinbruch am Wald nordöstl. des Dorfes, oxyd. Material.

Auffällig ist, daß in den kleinen Kieselschiefervorkommen am Nordrand des Erzgebirges die Gehalte an Vanadin, Molybdän und Chrom wesentlich geringer sind als in den ostthüringischen Vorkommen. Das Verhältnis der verschiedenen seltenen Elemente zueinander und die Metallkombination als solche ist aber die gleiche. Dieses Ergebnis steht wohl in erster Linie im Zusammenhang mit einer anderen paläogeographischen Position dieser Vorkommen im Vergleich zu denen Ostthüringens.

2. Gesamt-Muster einzelner Vorkommen

Um einen wirklich zuverlässigen Überblick über die Metallgehalte einzelner Vorkommen zu erhalten, wurden einfache Greifmuster, wie eben aufgeführt, nicht für ausreichend erachtet. Besonders die festgestellte diffuse, schlierenhafte Verteilung des Vanadiums ließ eine regelrechte Bemusterung einzelner Vorkommen als notwendig erscheinen. Zu diesem Zweck wurden von einzelnen Vorkommen sehr eingehende, umfangreiche Aufsammlungen von Probematerial durchgeführt bzw. von Steinbrüchen die ganze Länge der Bruchfront bemustert. Das erhaltene Material wurde an Ort und Stelle geviertelt und dann wie üblich weiter verarbeitet. Auf diese Weise wurden von über 20 Vorkommen Proben erhalten, die einen einwandfreien Durchschnitt repräsentieren. Bei diesen Arbeiten wurde ich durch Dr. Oelsner von der Bergwirtschaftsstelle Freiberg in dankenswerter Weise unterstützt.

Die Tabelle 12 gibt Aufschluß über bemusterte Vorkommen und deren Metallgehalte.

Auffällig ist das Muster Nr. 26 aus dem alten Alaunwerk von Mühlwand. Es handelt sich um einen schon weitgehend zersetzten Alaunschiefer, der in farberdeartige Schwärze übergegangen ist. Der Kohlenstoff-, Titan- und möglicherweise auch Chromgehalt sind auf ungefähr das 2—4fache gegenüber dem Ausgangsmaterial angereichert. Für Vanadin, Molybdän und Nickel ist eine gleich starke Anreicherung nicht erfolgt. Diese Metalle sind bei der Zersetzung des Schwefelkieses durch die entstehende Schwefelsäure fortgeführt worden. Bemerkenswerterweise ist auch Kieselsäure bei diesem Zersetzungs-

Tabelle 12

Ergebnisse der Bemusterung von Alaun- und Kieselschiefervorkommen

Nr.	Fundort	Art und Länge der Probenahme		Gew. kg	Gestein
1	Ronneburg 1,5 km ö. R'bg. n. d. Fahrstraße	Übersichtsmuster Lesesteine	ca. 1,5 km	5,5	kohlig, z.T. oxyd. Al + Kieselschiefer
2	Landstr. R'bg.-Reust v. P. 329,9 zum Dorf	Übersichtsmuster Lesesteine	ca. 200 m	3,5	kohlig, z.T. oxyd. Al + Kieselschiefer
3	ebda. v. P. 329,9 — P. 327,9	Übersichtsmuster Lesesteine	ca. 300 m	2,0	kohlig, z. T. oxyd. Al + Kieselschiefer
4	Stbr. w. Hohenölsen b. P. 383,6	Schlitz	ca. 2,5 m	1,5	gebleicht Alaunschiefer
5	Stbr. sw. Neudörfel	Schlitz	ca. 3,0 m	2,0	kohlig Al + Kieselschiefer
6	Stbr. Weinb. b. Hohenl. unt. Brucht:	Schlitz	ca. 2,0 m	2,0	Kieselschiefer frisch
7	ebda. unt. Stufe d. unt. Bruches	Übersichtsmuster üb. 50 m horiz.	50 m horiz.	11,5	Kieselschiefer frisch
8	Stbr. sw. Dörtendorf	Übersichtsmuster üb. 50 m horiz.	20 m horiz.	1,5	Kieselschiefer frisch
9	ob. Stbr. d. Alaunw. b. Zeulenroda	Schlitz	1,5 m horiz.	2,5	Kieselschiefer frisch
10	mittl. Stbr. d. Alaunw. b. Zeulenroda	Schlitz	2,5 m	2,0	Kieselschiefer z. T. oxyd.
11	unt. Stbr. d. Alaunw. b. Zeulenroda	Schlitz	40 m horiz.	3,5	Kieselschiefer frisch
12	Stbr. am Hausbühl ö. Weckersdorf ob. Bruch	Übersichtsmuster	40 m horiz.	1,5	Kieselschiefer oxyd.
13	Stbr. am Hausbühl ö. Weckersdorf unt. Bruch	Übersichtsmuster	60 m horiz.	2,0	Kieselschiefer z. T. oxyd.
14	Stbr. b. P. 448,0 s. Weckersdorf	Schlitz	1,0 m vert.	1,0	Kieselschiefer frisch
15	Stbr. am Hübel ö. Lössau	Schlitz	15 m horiz.	2,0	oxyd. Kieselschiefer
16	Stbr. b. Wüstendittersdorf	Übersichtsmuster	1,5 m v.	1,5	oxyd. Kieselschiefer
17	Stbr. am Buchenhübel s. Schleiz	Übersichtsmuster	4,0 m v.	2,5	kohlig Al + Kieselschiefer
18	Stbr. ö. d. Buchenhübels	Übersichtsmuster	50 m h.	2,5	kohlig Al + Kieselschiefer
19	Stbr. am Wetterberg a. d. Saaletalsp.	Schlitz	20 m v.	1,5	kohlig Al + Kieselschiefer
20	Stbr. nach Unterkoskau	Übersichtsmuster	80 m h.	3,0	kohlig Al + Kieselschiefer
21	Stbr. o. Mühltroff a. d. Stbr.n. Schönbg.	Übersichtsmuster	40 m h.	2,5	dto. oxydiert
22	Stbr. a. d. Stbr. Mühltroff-Plauen	Übersichtsmuster	80 m h.	2,5	dto. frisch
23	ebda. 2 km ö. M.	Schlitz	4,00 m	1,5	dto. z. T. oxyd.
24	Stbr. an der Fahrstr. n. Ransbach 500 m ö. Whs. Waldfried	Übersichtsmuster	10 m h.	1,5	dto. frisch
25	Stbr. d. ehem. Alaunwerkes b. Mühlw.	Haufwerkspr.	—	7,5	dto. frisch
26	ebda.	Einzelmuster	—	2,5	mulmige Schwärze

Zu Tabelle 12

%													
H_2O	C	SiO_2	Fe_2O_3	TiO_2	Al_2O_3	MgO	CaO	S	V	Mo	Cr	Ni	Ca
0,17	1,48	93,10	1,48	0,64	1,46	0,51	0,15	0,49	0,0 3	—	—	—	—
0,18	1,45	86,92	3,30	0,39	3,96	0,42	0,23	0,16	0,05	—	0,006	0,020	0,006
0,18	1,70	85,12	2,76	0,14	2,39	1,01	0,10	0,19	0,05	0,02	0,008	0,020	0,007
0,12	0,80	85,76	4,02	0,05	4,31	0,39	0,14	0,13	0,15	0,045	0,010	—	0,006
0,39	4,36	87,34	1,92	0,34	4,34	0,40	0,19	0,06	0,11	0,03	—	0,005	—
0,32	1,25	80,20	1,95	0,23	2,62	0,36	0,30	0,53	0,06	0,015	0,008	0,020	0,008
0,26	11,18	79,02	2,80	0,45	3,72	0,51	0,13	1,55	0,11	0,0 3	0,020	0,010	0,007
0,42	5,95	86,38	2,08	—	2,42	0,65	0,05	0,21	0,05	0,0 1	—	0,008	0,010
1,05	9,48	81,21	1,05	0,12	3,52	0,61	0,15	0,21	0,08	0,018	0,010	0,001	0,009
0,43	2,64	88,80	1,86	0,41	3,87	0,12	1,13	0,11	0,08	0,0 2	0,010	0,0 1	—
0,90	8,27	84,52	1,57	0,25	2,89	0,65	0,08	0,30	0,05	0,0 2	0,010	0,007	—
0,20	1,62	94,13	4,28	0,26	0,78	0,41	0,05	0,17	0,03	—	—	—	—
0,63	3,48	89,84	1,12	0,48	1,58	0,28	0,23	0,23	0,05	0,015	—	0,012	0,006
1,12	12,10	76,87	0,79	0,08	7,15	7,98	0,89	0,08	0,11	0,010	0,008	0,0 2	0,005
0,40	0,87	93,72	2,54	0,12	1,98	0,48	0,12	—	0,035	0,026	0,022	0,015	0,010
0,80	0,76	93,86	2,53	0,40	0,90	0,18	0,14	0,20	0,03	—	—	0,006	0,001
0,21	4,02	90,12	1,45	0,22	1,10	0,38	0,10	0,16	0,05	0,01	0,008	—	—
0,86	7,73	86,43	1,50	—	1,95	0,14	—	0,16	0,06	—	0,004	0,007	—
0,43	3,23	90,46	1,90	0,06	1,01	1,22	Spur	0,16	0,06	—	0,005	0,005	0,015
0,30	5,30	89,02	0,87	0,032	2,32	1,16	—	0,26	0,07	—	—	0,007	0,007
0,30	4,94	89,80	1,23	0,27	1,52	0,95	0,10	0,15	0,04	0,008	0,010	0,008	0,002
1,72	9,81	80,70	1,36	—	3,61	0,75	0,07	0,09	0,08	0,008	0,008	0,006	0,002
0,37	4,75	86,24	2,21	0,26	2,76	0,19	Spur	0,23	0,07	—	—	0,005	0,002
0,30	1,46	91,33	2,26	0,13	1,68	1,19	0,04	0,19	0,10	0,005	—	0,0 1	0,003
0,60	11,46	78,08	2,02	0,70	3,40	1,07	0,05	—	0,12	0,008	—	0,012	0,005
6,00	20,30	32,06	5,58	2,40	14,42	0,63	0,74	0,1 0	0,13	0,015	0,020	0,015	0,009

prozeß entfernt worden, während Eisen angereichert wurde.

3. Auswertung der Analysenergebnisse

In der gleichen Weise wie bei der Untersuchung des Weinbergbruches wurden auch die Ergebnisse der regionalen Untersuchung ausgewertet.

Vanadin

Gehalt g/t	kohlig Zahl	oxydiert Zahl	Gesamt Zahl
100— 250	0	0	0
250— 500	8	7	15
500— 750	8	5	13
750—1000	7	4	11
1000—2500	8	3	11
über 2500	0	0	0

Molybdän

Gehalt g/t	kohlig Zahl	oxydiert Zahl	Gesamt Zahl
0— 50	6	4	10
50— 75	1	1	2
75—100	6	4	10
100—250	11	5	16
250—500	7	5	12
über 500	0	0	0

Chrom

Gehalt g/t	kohlig Zahl	oxydiert Zahl	Gesamt Zahl
0— 25	10	6	16
25— 50	4	2	6
50— 75	3	1	4
75—100	7	2	9
100—250	3	1	4
250—500	0	0	0

Nickel

Gehalt g/t	kohlig Zahl	oxydiert Zahl	Gesamt Zahl
0— 25	4	3	7
25— 50	3	1	4
50— 75	7	4	11
75—100	7	3	10
100—250	12	3	15
über 250	2	0	2

Kupfer

Gehalt g/t			Gesamt Zahl
unter 25	—	—	10
25— 50	—	—	4
50— 75	—	—	4
75—100	—	—	0
über 100	—	—	0

Für Kupfer liegen zu wenig Werte vor, um eine Trennung nach oxydischem und kohligem Material sinnvoll erscheinen zu lassen. Große Unterschiede bestehen offenbar nicht.

Aus den Untersuchungen ergibt sich folgendes Bild: Ausgeprägte Unterschiede im Metallgehalt der kohligen und oxydierten Schiefer bestehen im allgemeinen nicht. Merklich ist die Verschiebung des Vanadingehaltes. Während bei den kohligen Schiefern alle beobachteten Vanadingehalte zwischen 250 und 2500 g/t ziemlich gleichmäßig verteilt liegen, besteht für oxydierte Schiefer ein schwaches Maximum zwischen 250 und 500 g/t. Höhere Gehalte (bis 0,25%) fehlen durchaus nicht, sind aber etwas seltener.

Auch Nickel wird bei der Entkohlung des Schiefers merkbar weggeführt. Gehalte von mehr als 250 g/t werden in oxydierten Kieselschiefern nicht beobachtet, während sie im kohligen Schiefer in 8% aller untersuchten Vorkommen auftreten.

4. Regionale Verteilung der Spurenmetalle

Zur Feststellung der regionalen Verteilung der Metallgehalte wurden alle im Vorstehenden gegebenen Analysen auf den Karten Abb. 4 und 5 graphisch dargestellt. Als Unterlage für die Karten diente die geologische Karte von Thüringen von DEUBEL, aus der schematisch das Obersilur (Alaun- und Kieselschiefer + Gräfenthaler Schichten) herausgezeichnet wurde. Aus der Darstellung ergibt sich zunächst, daß die absolut höchsten Metallgehalte in dem Streifen zwischen Schleiz und Weida vorkommen. Besonders das Gebiet von Zeulenroda bis Hohenölsen weist die höchsten Gehalte an seltenen Metallen auf. Im einzelnen ergibt sich etwa folgendes Bild:

Vanadium ist besonders reichlich bei Hohenleuben und Hohenölsen vorhanden; auch bei Reichenbach treten höhere Gehalte auf.

Molybdän kommt auf etwas größerem Gebiet in Gehalten zwischen 250 und 500 g pro Tonne vor. Die Zone reicht etwa von Schleiz bis Hohenölsen.

Höhere Werte an Chrom sind auf das nördliche und südliche Ende dieses Schieferzuges verteilt, etwa zwischen Schleiz—Weckersdorf und Hohenleuben—Hohenölsen.

Nickel scheint vor allem die nördlichen Teile zu bevorzugen, etwa von Hohenleuben bis Ronneburg, daneben das Reichenbacher Gebiet (Mühlwand).

Vanadin und Molybdän bevorzugen offenbar die eigentlichen Alaunschiefer. Diese sind gleichzeitig Sedimente der ausgeprägtesten Sapropelfazies (Schwarzmeer-Fazies). Chrom und besonders Nickel sind in dieser Beziehung erheblich unempfindlicher, scheinen aber vor allem an den Rändern der vanadin- und molybdänreichsten Zonen bevorzugt vorzukommen, in denen sicherlich eine Gyttja-Zone als Übergangsfazies bestanden hat.

E. Vergleich mit nicht-thüringischen Vorkommen

1. Alaun- und Kieselschiefer

Es erschien zweckmäßig, auch einige Alaun- und Kieselschiefervorkommen außerhalb Thüringens in die Untersuchung einzubeziehen. Die Proben aus der Lausitz und aus Böhmen verdanke ich Herrn Prof. PIETZSCH, der sie mir liebenswürdigerweise aus der Sammlung seiner Dienststelle zur Verfügung

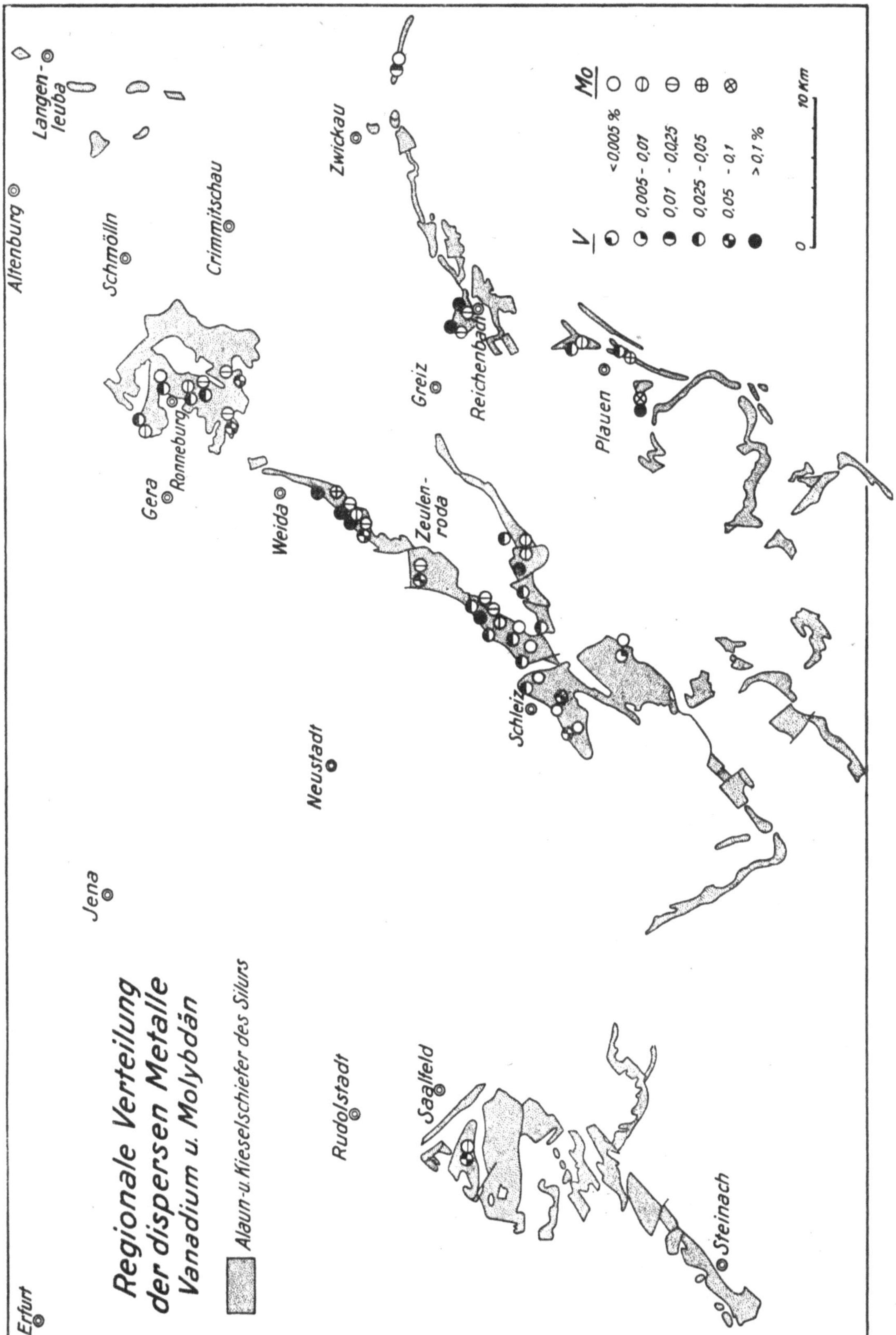
Regionale Verteilung
der dispersen Metalle
Vanadium u. Molybdän
Alaun-u. Kieselschiefer des Silurs
V
Mo
<0,005 %
0,005 - 0,01
0,01 - 0,025
0,025 - 0,05
0,05 - 0,1
>0,1 %
0
10 Km
Erfurt
Altenburg
Langen-
leuba
Schmölln
Crimmitschau
Zwickau
Gera
Ronneburg
Weida
Greiz
Reichenbach
Plauen
Zeulen-
roda
Jena
Neustadt
Schleiz
Rudolstadt
Saalfeld
Steinach

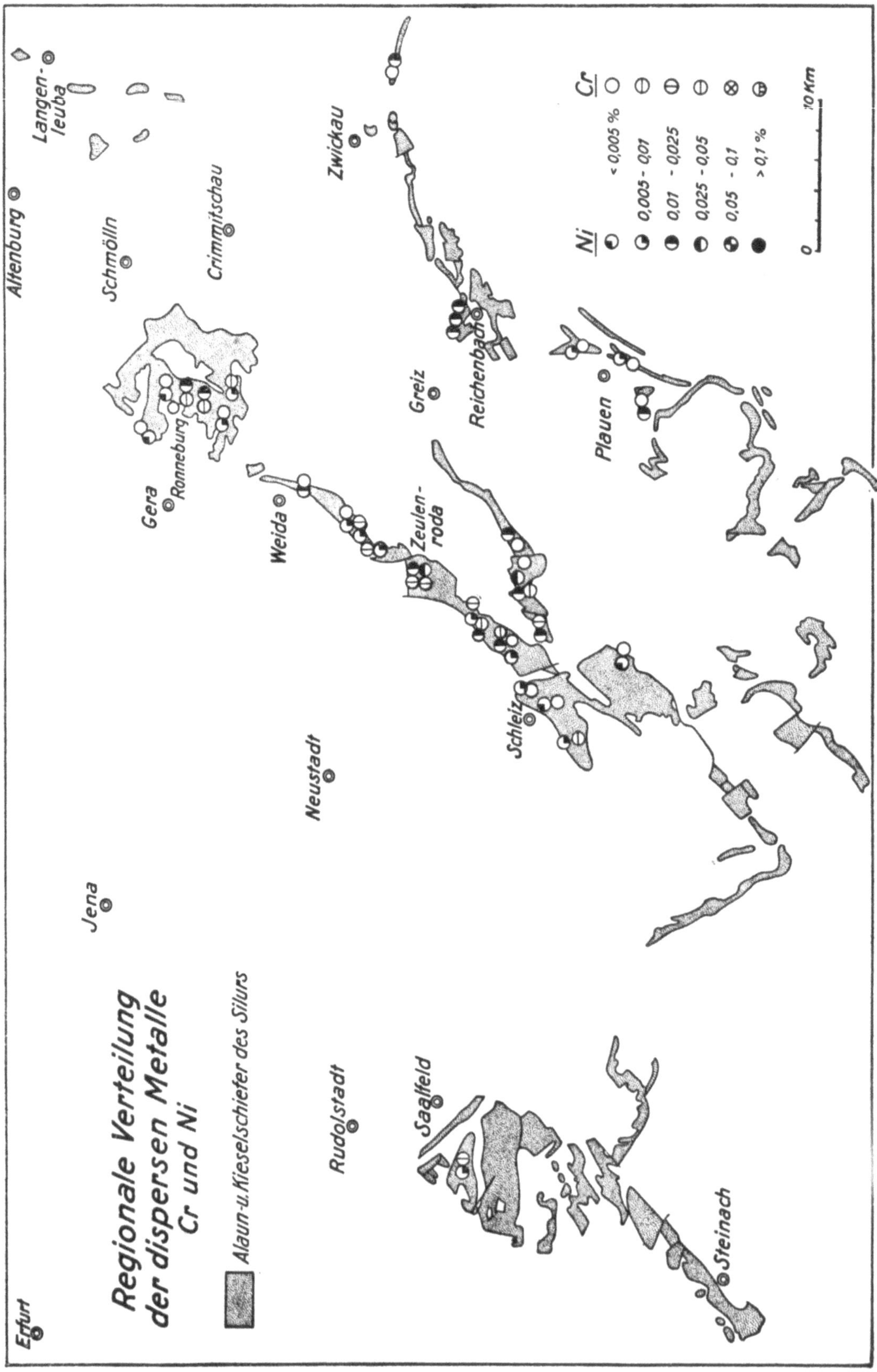
Regionale Verteilung
der dispersen Metalle
Cr und Ni
Alaun-u. Kieselschiefer des Silurs
Ni
Cr
< 0,005 %
0,005 - 0,01
0,01 - 0,025
0,025 - 0,05
0,05 - 0,1
> 0,1 %
0
10 Km
Altenburg
Langen-
leuba
Schmölln
Crimmitschau
Zwickau
Gera
Ronneburg
Weida
Greiz
Reichenbach
Plauen
Zeulen-
roda
Schleiz
Neustadt
Jena
Rudolstadt
Saalfeld
Steinach
Erfurt

stellte. Das westfälische Material wurde seinerzeit von Dr. Claus gesammelt.

Über die Altersstellung der böhmischen Kieselschiefer besteht noch nicht völlige Klarheit. Sicherlich silurischen Alters sind nur die Proben aus der Lausitz. Die böhmischen Proben dürften z. T. wesentlich älter sein (Algonkium). Ferner wurden einige faziell ähnliche Gesteine aus dem Kulm Westfalens analysiert.

Die Ergebnisse der Untersuchung gibt die folgende Tabelle; dabei sei erwähnt, daß es sich bei den Proben Nr. 1—9 nur um von typischen Handstücken allseitig abgeschlagene Splitter handelt, die zu Analysenmustern vereinigt wurden. Die gefundenen Gehalte können also nicht mit der gleichen Sicherheit als Durchschnittswerte für die betreffenden Vorkommen gewertet werden, wie dies bei den anderen hier angeführten Analysen der Fall ist.

Schweißing. Auffällig ist, daß der sicherlich kohlefrei abgelagerte Kieselschiefer vom Bansberg bei Horscha den höchsten Nickelgehalt aufweist und Chrom nicht nachweisbar ist, während Vanadium etwas weniger vorhanden ist. Dies Verhalten erinnert an die bituminösen Wallgauer Liasschiefer, in denen ebenfalls festgestellt werden konnte, daß die bitumenärmsten Proben die höchsten Nickel- und geringsten Vanadingehalte aufwiesen.

In den westfälischen Kulmschiefern liegen die Metallgehalte etwa eine Größenordnung tiefer, wobei Vanadin, Chrom und Molybdän etwa in gleicher Menge vorkommen und etwa dem Gehalt an Kupfer entsprechen. Wir möchten hieraus schließen, daß der Faziesbereich, in dem diese Gesteine entstanden, zwar noch gewisse Ähnlichkeit mit dem der silurischen Alaun- und Kieselschiefer hatte, daß aber doch bestimmte, nicht unbeträchtliche Abweichungen vorhanden waren.

Tabelle 13

Nr.	V	Mo	Cr	Ga	La	Y	Ti	Zr	Pb	Zn	Ni	Cu
1	800	100	20	—	10	—	800	20	30	50	100	70
2	300	—	—	20	10	100	900	—	100	20	500	80
3	200	30	—	40	20	30	1500	30	50	10	200	50
4	150	30	10	10	30	20	1000	20	90	—	100	—
5	80	50	—	—	—	—	1000	20	80	—	400	30
6	100	30	30	—	20	20	600	10	30	20	100	30
7	50	—	—	20	—	10	2000	—	20	—	80	20
8	500	10	10	10	10	—	800	—	20	—	30	30
9	100	—	20	30	30	30	500	10	50	20	100	70
10	500	50	—	n. b.	n. b.	n. b.	700	n. b.	1000	500	200	200
11	800	100	—	n. b.	n. b.	n. b.	3500	n. b.	1000	300	300	200
12	10	10	10	n. b.	n. b.	n. b.	7500	n. b.	—	—	10	500
13	20	50	30	n. b.	n. b.	n. b.	n. b.	n. b.	—	—	—	40
14	40	50	40	n. b.	n. b.	n. b.	n. b.	n. b.	—	—	40	n. b.

Erläuterung

1 Eichberg bei Weißig, N.-L.: Alaunschiefer, kohlenstoffhaltig.
2 Bansberg bei Horscha: dünnblättriger Kieselschiefer, kohlefrei, nicht gebleicht, tiefstes Obersilur.
3 Alt-Ödernitz: kohliger Kieselschiefer.
4 See bei Niesky: kohliger Kieselschiefer.
5 Jänkendorf bei Niesky: kohliger Kieselschiefer.
6 Čila bei Skreje: kohliger Kieselschiefer.
7 Točna bei Prag: kohlenstoffreier Kieselschiefer.
8 Hracholusky bei Rakonitz: Alaunschiefer, kohlenstoffreich.
9 Slupnice bei Skreje: Grauwacke.
10 Schweißing bei Mies: Haldenmuster von pyrithaltigem Alaunschiefer.
11 Schweißing bei Mies: kohlenstoffreich und ziemlich frisch.
12 Stbr. 2,5 km n. v. Nuttlar/Westf.: hangende Alaunschiefer des Kulm.
13 Stbr. bei Weingarten-Iserlohn: Alaunschiefer.
14 Henkhausen n. Hohenlimburg: liegende Alaunschiefer des Kulm.

Es ist recht interessant, zu sehen, daß alle diese Gesteine ungleichen geologischen Alters, aber gleicher Faziesbereiche auch die gleichen Kombinationen von Spurenelementen und auch annähernd gleiche absolute Gehalte aufweisen. Eine gewisse Abweichung bedeuten lediglich die etwas höheren Bleigehalte, besonders in Proben Nr. 10 und 11 aus

2. Vergleich mit anderen Sedimentgesteinen ähnlicher Bildungsbereiche.

Über die Verteilung von Vanadin in verschiedenen Sedimentgesteinen sind wir durch die Arbeit von Jost recht gut unterrichtet.

Jost fand, daß die höchsten Gehalte an diesem Metall in tonigen, bituminösen Schiefern auftreten. Die Gruppe der Kieselschiefer hat er nicht untersucht. Er kam seinerzeit zu dem Ergebnis, daß eine Anreicherung von Vanadin einmal in oxydischen sedimentären Eisenerzen erfolgt — hier mit Gehalten, welche die unserer Gesteine z. T. noch wesentlich überragen — und ferner in tonigen Sedimenten mit viel organischer, bituminöser Substanz, wie sie in der sogenannten Schwarzmeerfazies entstehen. Über die Vanadingehalte in Sedimenten des Schwarzen Meeres sind wir durch die Arbeiten von Archangelsky gut unterrichtet. Hiernach enthalten nur die Sapropelböden der tieferen, völlig sauerstofffreien Zonen Vanadium in Mengen von 0,03—0,06% (neben ca. 0,01% Cu). In Gyttja-Böden wird Vanadin nicht angereichert. Leider haben die russischen Forscher ihre Untersuchungen nicht auch auf die anderen Spurenmetalle wie besonders Chrom, Molybdän und Gold ausgedehnt; es ist zu hoffen, daß diese Lücke bald geschlossen wird.

Auf die Anreicherung von Vanadin in Gesteinen aus ariden Sedimentationsbereichen sei hier nicht näher eingegangen. Bekannt ist hierüber, daß oft recht erhebliche Vanadingehalte in Carnotitsandsteinen usw. vorkommen; bezeichnenderweise sind diese ariden Vorkommen sehr häufig mit höheren Urangehalten verbunden (FERSMANN 1927). Auch die Vanadinvorkommen in Südafrika (bei Tsumeb) und ebenso die von SCHREITER (1927) näher beschriebenen vanadinhaltigen Konkretionen aus dem sächsischen Rotliegenden gehören hierher. Eine zusammenfassende Untersuchung der Geochemie dieser Vanadinvorkommen steht z. Z. noch aus.

BROCKAMP führt einige Analysen von V. M. GOLDSCHMIDT (1—6) und A. SCHRÖDER (7) an, die hier neben Untersuchungen (8—13) an Seefelder

Wahrscheinlicher war der CO_2-Gehalt des Silurmeeres so hoch, daß schon in geringeren Tiefen eine Wiederauflösung von Kalkschalen erfolgte — wie dies heute z. B. in der Ostsee der Fall ist — (Näheres hierzu bei KALLE 1943).

Eine andere Deutungsmöglichkeit besteht in der Annahme, daß die Lebewesen des Silurmeeres überwiegend Schalen aus Kieselsäure besaßen. Ob nur eine dieser Annahmen zutrifft oder ob wir mit den beiden zuletzt erwähnten Möglichkeiten rechnen müssen, ist heute noch nicht zu übersehen. Sicher ist jedenfalls, daß die Ablagerung der Kieselschiefer in undurchlüfteten, mit Schwefelwasserstoff gesättigten Meeresteilen vor sich ging.

Tabelle 14

Nr.		Bitumen	V	Mo	Cr	Ni	Co
1	Ton des rumänischen Jungtertiär	wenig	120	—	40	90	30
2	Gyttjaton des rumänischen Jungtertiär	wenig	130	n. b.	50	100	30
3	Sapropelton der rumänischen Cornuschichten	reich	1200	40	120	240	40
4	Sapropelton der rumänischen Cornuschichten	arm	500	50	50	350	70
5	Kupferschiefer Mansfeld	n. b.	2000	150	30	400	70
6	Kupferschiefer Elmshorn	ca. 10 %	1500	150	10	300	50
7	Posidonienschiefer Schneflingen	ca. 13 %	430	80	120	30	10
8	Lias-Ölschiefer, Schömberg/Württ.	vorh.	60	30	30	20	n. b.
9	Lias-Ölschiefer, Holzheim/Württ.	vorh.	80	50	—	20	n. b.
10	Lias-Ölschiefer, Mössingen/Württ.	vorh.	100	50	20	50	n. b.
11	Lias-Ölschiefer, Ofterdingen/Württ.	vorh.	100	120	30	20	n. b.
12	Asphaltschiefer, Wallgau (Trias)	vorh.	80	50	n. b.	20	n. b.
13	Asphaltschiefer, Wallgau (Trias)	vorh.	120	100	80	100	n. b.

Schiefern (Trias) und aus dem Posidonienschiefer Schwabens angegeben seien (SCHNEIDERHÖHN und Mitarbeiter 1949).

Alle Gesteine verschiedensten geologischen Alters, aber aus ein und demselben Faziesbereich führen somit bezeichnende Anreicherungen von Vanadin, Molybdän und Chrom. Nach den vorliegenden Untersuchungen ist Kupfer nicht unbedingt typisch für diese Fazies. Die Kupfergehalte liegen zwar höher als es dem durchschnittlichen Wert entspricht; extreme Anreicherungen, wie sie im eigentlichen Kupferschiefer beobachtet werden, kommen jedoch nicht vor. Am Zustandekommen dieses Schiefers müssen somit auch noch andere Faktoren als die normalen Bedingungen der sogenannten „Schwarzmeerfazies" beteiligt gewesen sein.

Auf einen Unterschied der hier näher untersuchten Alaun- und Kieselschiefer gegenüber den rezenten Schwarzmeer-Sedimenten und den angeführten Ölschiefern ist noch aufmerksam zu machen.

Die schwäbischen Ölschiefer sind überwiegend bituminöse Tonschiefer; kalkige Schichten enthalten erheblich weniger an seltenen Metallen. Die Ölschiefer der Trias sind bituminöse Dolomite, während die Ablagerungen des Schwarzen Meeres neben organischer Substanz erhebliche Kalkmengen biogenen Ursprungs enthalten. Die silurischen Schichten sind dagegen radiolarienführende Gesteine mit ganz überwiegendem Kieselsäuregehalt. Man könnte daran denken, daß diese Schichten in solchen Tiefen abgelagert wurden, in denen Kalziumkarbonat nicht mehr beständig ist. Dies ist etwa ab 3000 m der Fall.

Über die Ablagerungsbedingungen im Obersilur gibt HUNDT (1940b, S. 351) folgende Übersicht:

1 Stillwasserfazies (Alaunschiefer mit Feinschichtung);
2 Sedimentationsraum mit Bodenströmungen (Alaunschiefer, schwarzer Kieselschiefer);
3 schlecht durchlüfteter Sedimentationsraum (kalkige Alaunschiefer);
4 durchlüfteter Sedimentationsraum (Tonschiefer, Kalke, Quarzite).

Die vierte Zone ist im ganzen Gotlandium nach HUNDT nicht vertreten. Gruppe 3 entspricht Gyttjabildungen, die nach HUNDT mit Ausnahme des Tarannon in allen Zonen des Obersilurs vertreten sind. Die Schwankungen der Metallgehalte in den Kieselschieferprofilen sind wohl auf den Wechsel von Gyttja- und Sapropelbildungen zurückzuführen. Finden wir doch auch vereinzelt Spuren von *Arenicola*, die beweisen, daß der Boden des Silurmeeres zeitweilig für Lebewesen bewohnbar gewesen ist.

Über die Aziditätswerte und den Gang des Redox-Potentials in den obersten 30 cm von reinen Gyttja-Böden hat A. V. TROFIMOFF 1939 berichtet. Für Sapropelböden stehen derartige Untersuchungen noch aus. Die Arbeiten von TROFIMOFF ergaben, daß in etwa 5 cm Tiefe des Gyttja-Schlammes der pH-Wert ein ausgesprochenes Minimum (bis pH 6) erreicht, während er sonst bei pH 8—8,5 liegt (Abb. 6).

Gleichzeitig erfolgt etwa in dieser Tiefe ein Sprung des Redox-Potentials um ca. 100 mV nach negativeren Werten (gemessen mit der Chinhydron-Elektrode). Diese Daten lassen es verständlich erscheinen, daß Vanadin, Molybdän und Chrom hier nicht im Sediment angereichert werden; günstig sind diese Bedingungen in erster Linie für Nickel, Kobalt und Kupfer. Eisen wird hier in oberen Zonen als braunes Hydroxyd gefällt, das erst in tieferen Schichten unter teilweisem Übergang in die Sulfidform zum zweiwertigen Zustand reduziert wird. In typischen Sapropelen liegen diese Zonen oberhalb des Bodens im Wasser selbst. Wenn die H_2S-Zone im Wasser nicht sehr mächtig ist, muß für das Zustandekommen dieser Fazies also völlige Strömungsfreiheit vorausgesetzt werden. Die phys.-chemischen Bedingungen sind hier für die Abscheidung auch von Vanadin und Molybdän erheblich günstiger. Im einzelnen müssen aber die phys.-chemischen Verhältnisse der Sapropel- und Gyttja-Fazies noch genauer geklärt werden.

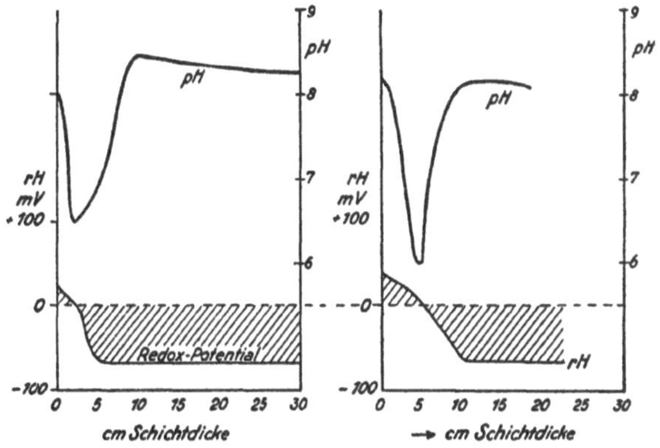

Redox-Potential u. pH-Kurven in braunen Gyttja-Sedimenten (n. Trofimow)

III. Verhalten der Spurenmetalle bei der Gesteinsverwitterung

A) Einfache Entkohlung der Schiefer

Es ist schon mehrfach darauf hingewiesen worden, daß die einfache Entkohlung der Alaun- und Kieselschiefer durch Oxydationsvorgänge nicht zu einer wesentlichen Verschiebung der Vanadin- und Molybdängehalte führt.

Hier sollen nur noch einige Analysen auf mehrere Spurenmetalle angeführt werden, die diese Tatsache besonders gut erkennen lassen.

Proben Nr. 1 und Nr. 2 stammen von Hohenleuben. Nr. 1 ist die Stichprobe einer verquarzten und eisenschüssigen Brekzie im Hangenden einer Aufsattelung von untersilurischem, zersetztem Lederschiefer.

Nr. 2 stammt von einem verstürzten Block eines durch eisenschüssige, kieselige Verkittung aus Schieferschutt entstandenen Gesteins. Das Kieselschiefermaterial stammt aus der Übergangszone von gebleichtem zu kohligem Material.

Tabelle 15

	M	Ba	Sr	Mn	Ti	Cu	Zn	Ni	Cr	V	Mo
a	3 m	400	50	60	900	10	50	50	30	1500	200
b	5 m	800	70	10	1000	50	30	200	40	1200	200

1. Rückersdorf bei Ronneburg, Kiesgrube von E. Bock.

Hier kommen sowohl völlig durchoxydierte wie frische, kohlenstoffhaltige Schichten annähernd gleichen Alters vor.

Probe a ist ein Schlitzmuster über 3 m gebleichten und erweichten Alaun- und Kieselschiefer aus dem Hangenden der schwarzen Schiefer von Probe b (s. auch Profil Nr. 8).

2. Hohenleuben, Steinbruch am Weinberg.

a) Alaun- und Kieselschiefer, frisch, mit ca. 8 % C, Graptolithenzone 14.

b) Desgleichen, aber gebleicht.

B) Eisenschüssige Brekzien

Über die Metallgehalte in den häufig vorkommenden mehr oder weniger verquarzten, brekziösen und eisenschüssigen Massen, die wohl teils durch tektonische Einflüsse, überwiegend aber wohl durch tertiäre Verwitterung entstanden sind, unterrichtet die folgende Tabelle.

Nr. 3 ist ein ähnliches Muster wie Nr. 2 aus der Kiesgrube an der Straße von Weckersdorf nach Zeulenroda (s. Profil 5).

Nr. 4 stammt aus dem Großen Bruch nördlich Unterkoskau. Das Material wurde einer riffartig durch die gefalteten Schiefer durchsetzenden Reibungsbrekzie von gebleichtem, zerriebenem Kieselschiefer mit groben, schwarzen Schieferbruchstücken entnommen.

Nr. 5 und Nr. 6 stammen vom Steinbruch am Igelsberg bei Ronneburg. Nr. 5 ist ein Übersichtsmuster über den gesamten Bruch. Das Gestein ist ziemlich frisch, enthält 6,0 % Kohlenstoff und besteht ganz überwiegend aus Kieselschiefer.

Probe Nr. 6 stammt aus einer ca. 3 m breiten Ruschelzone, die nur völlig zermahlenes, weiches, kohlenstoffreies Material enthält. Die Ruschel zeigt starken Wasseraustritt.

Aus der Tabelle ergibt sich, daß bei zunehmender Zersetzung eine gewisse Verringerung der Metallgehalte kaum eintritt. Lediglich Zink und in ge-

Tabelle 16

	Ba	Sr	Mn	Ti	Ni	Cu	Zn	V	Cr	Mo
a	100	50	—	300	10	20	—	2000	50	100
b	200	100	10	700	20	60	80	2000	50	100

wissem Umfange Kupfer werden entfernt. Erst bei sehr intensiver Beanspruchung, etwa durch Quellwasser, wie bei Probe Nr. 6, erfolgt eine Verringerung der Metallgehalte. Dabei ist bemerkenswert, daß die Chromgehalte noch am wenigsten angegriffen werden. Bemerkt sei, daß das aus der Ruschel von Probe Nr. 6 austretende Wasser deutliche Spuren aller hier untersuchten Spurenmetalle enthielt (s. Seite 27).

C) Verwitterung zu Ackerboden

Bei noch weitergehender Verwitterung zu Ackerboden werden die seltenen Metalle in erheblichem Umfange abgebaut. Zum Beleg seien einige Analysen aus dem Ronneburger Gebiet gegeben.

Tabelle 17

Nr.	Fundort	Ba	Sr	Mn	Ti	Cu	Zn	Ni	Cr	V	Mo
1	Hohenleuben	400	100	500	700	100	50	500	100	400	200
2	Hohenleuben	200	70	200	300	60	60	100	10	1200	500
3	Weckersdorf	500	100	300	400	100	—	100	30	1500	100
4	Unterkoskau	400	50	30	500	100	50	40	20	1000	200
5	Ronneburg	n. b	n. b.	50	1200	30	60	80	20	1500	400
6	Ronneburg	n. b.	n. b.	40	1000	70	10	50	20	300	100

Probe Nr. 1 stammt aus einem alten Steinbruch ca. 1 km östlich von Ronneburg an der Landstraße.

Probe Nr. 2 ist ein wenige Meter oberhalb von Nr. 1 entnommenes Muster Ackerboden.

Probe Nr. 3 wurde an der Landstraße Ronneburg—Reust am Wegrain entnommen. Es wurden einigermaßen frische, etwa 1—2 cm große Stückchen gebleichten Kieselschiefers ausgesucht.

Probe Nr. 4 gibt die Analyse von an gleicher Stelle entnommener Ackererde.

Probe Nr. 5 entspricht Probe Nr. 3; Nr. 6 gibt die Ackererde dazu.

Probenahme erfolgte am nördlichen Rande des Dorfes Reust bei Ronneburg.

Nr.	Ni	V	Cr	Mo
1	—	1000	20	400
2	20	100	20	30
3	200	500	60	100
4	10	60	10	20
5	200	600	80	200
6	30	10	20	10

D) Farberdebildung

Daß eine ohne weitere oxydative Wirkung verlaufende Zersetzung der Sulfide besonders in Alaunschiefern trotz der freiwerdenden Schwefelsäure Vanadin und Molybdän nicht entfernt, beweisen die Profile 4 und 5, die überwiegend aus farberdeartigem Material bestehen und in denen die Metallgehalte noch fast durchweg so hoch liegen wie im frischen Material. Hier sei noch eine vollständige Analyse eines völlig zu Farberde zersetzten Alaunschiefers aus dem Steinbruch des alten Alaunwerkes bei Mühlwand angeführt.

SiO_2	32,1
Fe_2O_3	5,6
TiO_2	2,4
Al_2O_3	14,4
MgO	0,63
CaO	0,74
C	20,3
H_2O	6,0
V	0,13
Mo	0,015
Cr	0,02
Ni	0,015
Cu und Zn	unter 0,001 %

Bezeichnend ist, daß Zink und Kupfer hier nicht nachweisbar waren. Auch in den erwähnten Profilen sind die Gehalte an diesen Metallen geringer als in frischem Alaunschiefer.

Diese Metalle werden also von der durch die Zersetzung der Eisensulfide entstehenden Schwefelsäure angegriffen. Wie in den folgenden Abschnitten ausgeführt, müssen wir für diese Metalle annehmen, daß sie entweder im Pyrit bzw. Markasit selbst enthalten sind oder als selbständige sulfidische Mineralien diese Kiese begleiten.

Die Mobilisierung von Vanadin und Molybdän ist nicht nur eine Frage der Stärke der vorhandenen Säure; sie hängt wesentlich davon ab, daß oxydierende Einflüsse wirksam sind, die das, sei es als V_2S_5, sei es als Oxyd, isomorph oder adsorbtiv gebundene Vanadium wieder in fünfwertiger Form in Lösung bringen. Näheres hierüber wird im folgenden zu erörtern sein.

E) Schwermetallhaltige Sickerwässer und Quellen

Die Sickerwässer aus derartigen Alaunschiefervorkommen reagieren oft stark sauer. Auch konnten in ihnen nicht unbeträchtliche Spuren Vanadin, Molybdän, Kupfer und Arsen neben erheblichen Gehalten an Aluminium und Eisen spektrographisch nachgewiesen werden.

In diesem Zusammenhang ist der Vergleich mit den von HEYER (1939) veröffentlichten Analysen einiger Quellen der Saalfelder Diadochithöhlen recht interessant. HEYER veröffentlicht folgende Analysen:

mg/L	Leichtquellen		Starkquellen	
	Stahlquellen	Radioakt.-Q.	Vitriol-Q.	Phosphat-Q.
K	68,0	70,2	13,1	17,8
Na	44,3	45,4	14,2	34,2
NH_4	0,2	1,6	1,4	3,0
Ca	32,1	45,0	238,2	68,3
Mg	43,0	34,4	30,4	54,2

mg/L	Leichtquellen		Starkquellen	
	Stahl-quellen	Radio-akt.-Q.	Vitriol.Q.	Phos-phat-Q.
Mn	—	0,6	0,0	0,3
Fe··	20,0	40,1	180,4	850,6
Fe···	—	—	1340,3	35,3
Al	19,0	15,1	206,4	200,4
Cu	0,7	—	28,2	20,3
MoO_4	0,2	0,1	0,6	2,0
SO_4	20,8	34,0	4650,2	2856,2
Cl	28,6	36,7	0,2	1,2
PO_4	1,8	0,7	34,3	170,8
As	0,1	1,0	4,3	3,5
SiO_2	0,8	1,2	29,2	27,5
HCO_3	410,0	480,0	—	—
Reakt.	alkalisch	alkalisch	st. sauer	st. sauer
Radioakt.	5 ME	126 ME	12 ME	57 ME

Eine nach einer längeren Regenperiode im Herbst 1939 entnommene Wasserprobe aus einer Störungszone in der „Kiesgrube" von E. Bock bei Rückersdorf, Ronneburg ergab:

Reaktion:	pH 2,3
SO_4	680 mg/L
Fe	85 mg/L
MoO_3	0,2 mg/L
V_2O_5	0,6 mg/L
As	Sp.
Cu	0,05 mg/L

Die von Heyer geäußerte Vermutung, daß die sogenannten Starkquellen in Saalfeld aus tieferen Grundwasserhorizonten stammen und ihren Metallgehalt der Zersetzung von Markasit, Pyrit und Alaunschiefer verdanken, wird durch die oben gegebene Sickerwasseranalyse bestätigt.

IV. Über die Bindungsform, in der die Spurenmetalle abgelagert wurden

A) Allgemeine Erwägungen

Die folgenden Erörterungen beziehen sich auf die frischen, kohlenstoffhaltigen und nicht zersetzten Schiefer. Das Verhalten der Metalle bei der Verwitterung wurde an anderer Stelle untersucht.

Die Art der Bindung der dispers vorkommenden Metalle ist vielfach diskutiert worden, ohne daß man bisher über ungewisse Vermutungen hinausgekommen wäre. Das hier vorliegende Untersuchungsmaterial ist umfangreicher, als es bisher für derartige Fragestellungen verwendet wurde. Da es mit den heutigen Untersuchungsmethoden auch nicht möglich ist, einzelne Komponenten feinkörniger Sedimentgesteine einwandfrei zu isolieren, können nur die verschiedenen Möglichkeiten diskutiert und ihre Übereinstimmung mit den Untersuchungsbefunden und den im folgenden geschilderten Experimenten geprüft werden. Immerhin lassen sich auf diese Weise doch einige Fragen befriedigend beantworten.

Zunächst sei auf folgendes aufmerksam gemacht: Über die Vorgänge, die zur Aufnahme eines Fremdstoffes in eine definierte chemische Verbindung führen, und die Art des Einbaues derselben lassen sich heute vielfach exakte Aussagen machen, schon weil das Wirtsgitter selbst definiert und in Einzelheiten bekannt ist.

Bei Gesteinen liegen die Verhältnisse wesentlich ungünstiger. Im einfachsten Falle, etwa bei einem mittelkörnigen Granit, sind die einzelnen Komponenten bestimmbar und hinsichtlich ihres Feinbaues bekannt. Mit Hilfe geeigneter Untersuchungsmethoden lassen sich die Komponenten zudem isolieren.

Die Frage nach der Verteilung bestimmter Spurenelemente innerhalb etwa derartigen Gesteines läßt sich daher vielfach beantworten. Freilich wird man hier schon oft die Feststellung machen, daß ein Element sowohl in dem einen wie in dem anderen Mineral enthalten ist, wobei die Verteilungsquotienten wiederum u. a. von den physikalisch-chemischen Bedingungen zur Zeit der Entstehung des Gesteins abhängen werden.

B) Allgemeine Grundlagen der Geochemie der Spurenmetalle in Sedimenten

Gelten für die Elemente, die überwiegend die Eisensulfide begleiten, die durch den Ionenradius gegebenen Gesetzmäßigkeiten, so ist dies für die im Sediment selbst dispers vorkommenden Metalle Vanadin, Chrom, Titan und Molybdän entschieden weniger der Fall. Auf die für den sedimentären Zyklus anderen Gesetze, bei denen chemische Eigenschaften und Ähnlichkeiten eine größere Rolle spielen, hat zuerst wohl V. M. Goldschmidt (1937) hingewiesen. Während im magmatischen Zyklus die einzelnen Elemente außer nach ihrem Ionenradius in lithophile, chalkophile und siderophile Metalle einzuteilen sind, unterscheidet man hier zweckmäßiger die Gruppen der Evaporate, Karbonate, Oxydate, Hydrolysate und der komplexen Ionen. Das folgende Diagramm (Abb. 7) (Goldschmidt 1937) veranschaulicht die Verwandtschaftsbeziehungen am besten.

Hier sind die wichtigsten Elemente in ein aus Ionenradius und zugehöriger Ladungsstufe gebildetes Koordinatennetz eingetragen. In diesem Schema stehen die leicht komplexe Verbindungen bildenden, leicht polarisierbaren Ionen Cr, V und Mo ganz rechts unten. Eben wegen der starken Polarisierbarkeit lassen sich exakte Angaben über ihren Ionenradius nur schwer machen. Wie Verfasser (1941) gezeigt hat, ist der Wert von 0,5 ÅE für Vanadium wohl am wahrscheinlichsten. Ein Zusammengehen von Vanadin und Phosphor ist trotz der ähnlichen Ionenradien nicht anzunehmen. Wie Verfasser (1941) nachwies, besteht zwischen diesen beiden Elementen keine große geochemische Ähnlichkeit. Auch Luyken (1944) bestätigte diese Auffassung. — Auch die in den hier untersuchten Gesteinen gelegentlich vorkommenden Phosphoritknollen erwiesen sich stets als frei oder sehr arm an Vanadin.

C) Bindung der Metalle an die einzelnen Komponenten der Schiefer

Bei mineralogisch so schlecht definierten Gesteinen wie im vorliegenden Falle wird die Frage nach der exakten Verteilung der Spurenmetalle auf die gesteinsbildenden Mineralien und ihre Bindungsart schon deswegen sinnlos, weil diese gesteinsbildenden Mineralien selbst in ihrer Gesamtheit weder bekannt noch isolierbar sind. Da in dem hier zur Rede stehenden Gestein nur einzelne Stoffgruppen — kieselige Substanz, tonige und kohlige Substanz sowie Eisensulfide — bekannt sind, kann auch nur die Verteilung der dispersen Elemente auf diese Stoffgruppen diskutiert werden.

treten, folgen sie zumeist der Verteilungskurve für Nickel. Geochemisch besonders charakteristische Elemente der Sapropelfazies sind diese beiden im vorliegenden Falle jedoch nicht.

Zusammenfassend läßt sich aussagen, daß unter den Spurenmetallen zwei Hauptgruppen unterscheidbar sind: Zunächst die zahlenmäßig unbedeutendere Gruppe der wohl überwiegend die Eisensulfide begleitenden Metalle Blei, Zink, Kupfer und

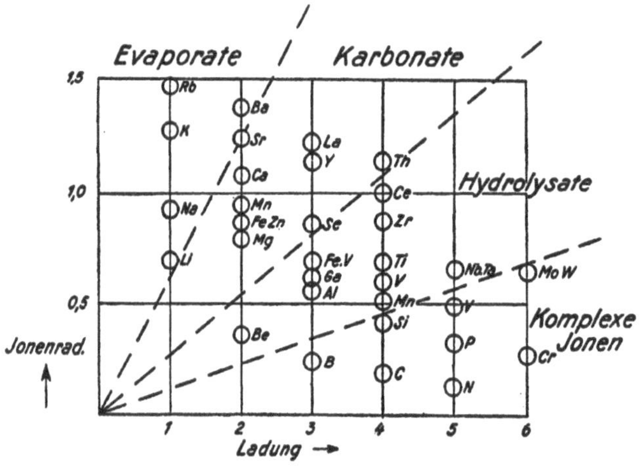

Geochemischer Charakter in Abhängigkeit von Ladung und Jonenradius (n. Goldschmidt)

Zusammenfassend lassen sich aus den Profilen folgende Ergebnisse ableiten: Trotz petrographisch weitgehender Ähnlichkeit der untersuchten Schichten weisen sie recht ausgeprägte Unterschiede in der Metallführung auf. Dabei gehen die Gehalte von Vanadium, Chrom und Molybdän meist ziemlich parallel, wobei vielfach auch zwischen Vanadin und Titan gewisse Parallelen bestehen. Die Mangangehalte sind zumeist recht gering und folgen ebenso wie Nickel jeweils eigenen Anreicherungsgesetzen. Kupfer und Zink folgen oft, aber keineswegs immer, der Verteilungskurve für Nickel.

Versuche, an Hand der Verteilungskurve für Schwefel den Pyritgehalt zu ermitteln, müssen ergebnislos bleiben, da auch mancherlei Sulfate am Aufbau der Gesteine, besonders in den zersetzten Zonen, beteiligt sind. Auch durch Bestimmung des Eisengehaltes lassen sich auf die Pyritführung keine Schlüsse ziehen, da es analytisch nicht möglich ist, hier zwei- und dreiwertiges Eisen und Sulfid- von Sulfatschwefel zu trennen. Nach den Untersuchungen ist Nickel besonders im Pyrit angereichert; daher dürfte die Verteilungskurve für dieses Metall am ehesten auf die Pyritführung der Schichten Rückschlüsse gestatten. In gewissem, hier allerdings wohl besonders geringem Umfange dürfte Nickel auch in oxydisch-silikatischer Form vorliegen, da ausgesucht schwefelkiesfreie Proben stets besonders geringe Nickelgehalte aufwiesen. Auch für Kupfer und Zink ist wohl weitgehend sulfidische Bindung anzunehmen. Erzmikroskopisch konnten in einzelnen Kieslinsen, besonders vom Weinberg bei Hohenleuben, vereinzelt Bleiglanztröpfchen festgestellt werden. Soweit Kupfer und Zink überhaupt auf-

Nickel. Hierzu kommen zweitens als für das eigentliche Sediment selbst besonders bezeichnende Gruppe die Elemente Titan, Vanadin, Chrom und Molybdän.

D) Disperse Metalle und der Kohlenstoffgehalt der Gesteine

Ehe wir näher auf die Bindung der seltenen Metalle im Alaun- und Kieselschiefer eingehen, sei vergleichsweise eine Tabelle aus geologisch viel jüngeren Gesteinen gebracht.

So wurden z. B. 1937 vom Verfasser eine Reihe von Proben mit steigendem Bitumengehalt aus den tertiären Ölschiefern von Wallgau/Obb. untersucht.

Nr.	Bitumen %	V	Mo	Cr	Ni	Cu
1	5,8	10	—	—	80	Sp.
2	8,0	30	10	—	50	50
3	18,2	50	70	20	10	10
4	20,5	80	50	—	—	20
5	24,8	200	50	20	—	10

Aus der Tabelle ergibt sich, daß Vanadin und z. T. Molybdän mit steigendem Gehalt an Bitumen auch selbst höhere Werte aufweisen. Für Nickel und anscheinend auch für Kupfer gilt das Umgekehrte.

Spektrographische Untersuchungen an destilliertem Bitumen sowie an Pyridin- und Benzolextrakten aus diesem Gestein ergaben, daß höchstens geringste Spuren Metall in der organischen Substanz nachweisbar waren. Eine Bindung dieser Metalle an Bitumen selbst ist also nicht anzunehmen, worauf auch BROCKAMP (1944) seinerseits hinweist.

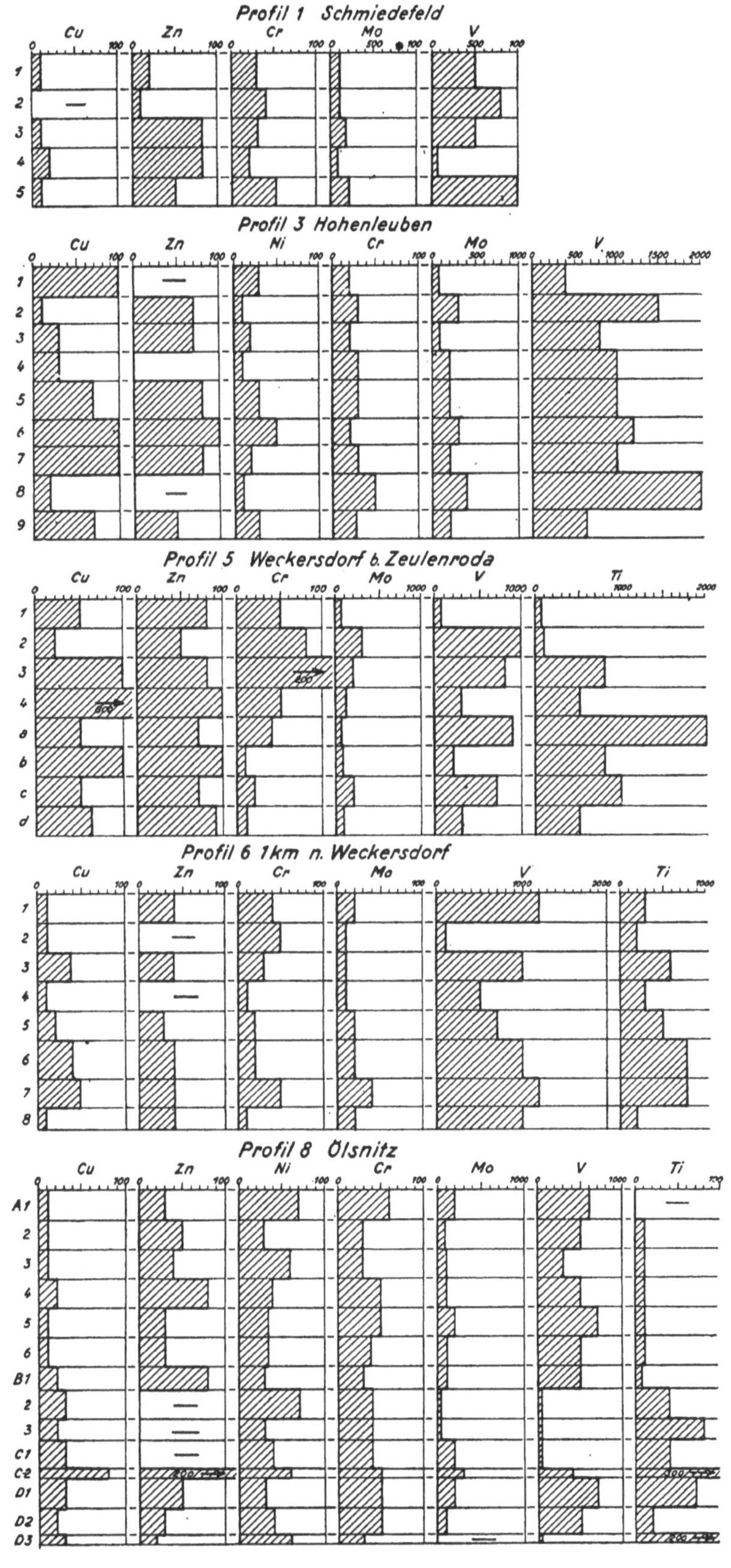

Graphische Darstellung einiger Analysenergebnisse von Profilen
Mengenangaben in g/t.

Die Deutung dieser Beobachtung dürfte in folgendem liegen: Je höher der Bitumengehalt, desto günstiger waren die Bedingungen für unzersetzte Ablagerung und Gehalt organischen Materials, d. h. desto ausgeprägter waren die anaeroben Sedimentationsbedingungen. Diese Bedingungen sind aber auch gleichzeitig besonders günstig für die Ausfällung und Ablagerung von Vanadin und Molybdän. Zudem müssen wir, wie in den folgenden Abschnitten gezeigt wird, annehmen, daß ein wesentlicher Teil gerade von Vanadin und Molybdän „in vivo" an organische Stoffe — wohl hauptsächlich niederer Lebewesen — gebunden war.

In diesem Zusammenhang sei auf die vanadinführende Kohle Västergötlands (Schweden) hingewiesen. Diese Kohle, über die SCHREITER (1932) berichtete, führte ca. 0,2% V (bezogen auf aschefreie Kohle, bei 2—5% Aschengehalt). SCHREITER betont, daß diese Kohle keinesfalls aus höher organisierten Pflanzen entstanden ist, sondern sich wahrscheinlich aus den Resten niederer tierischer Organismen aufbaut. Auch in den Alaunschiefern, die in der Nähe dieser Kohlen vorkommen, ist nach SCHREITER 0,09—0,11% V nachgewiesen worden, d. h. etwa ebensoviel, wie die hier untersuchten Gesteine enthalten.

Je höher die Gehalte an organischer Substanz sind, desto mehr ist auch von diesen Metallen seinerzeit abgelagert worden. Die Bindung der Metalle an Kohlenstoff oder dessen Verbindungen selbst ist aber offenbar schon in einem sehr frühen Stadium der Diagenese aufgehoben worden. Wurde der Schiefer auf Kohle flotiert, so ergab das Kohlenstoffkonzentrat, das unschwer erhältlich war, keine Vanadinanreicherung.

Es war aus folgendem Grunde erforderlich, auf diese Zusammenhänge an Beispielen aus anderen geologischen Zeiträumen näher einzugehen: Es ist bei den Alaunschiefern nicht möglich, derartige Reihenuntersuchungen an Proben mit steigendem Kohlenstoffgehalt erfolgreich durchzuführen, da sich hier nicht feststellen läßt, wie hoch der primäre Kohlenstoffgehalt des Gesteins war. Eben dies ist an den Wallgauer Proben noch gut möglich. Der Kohlenstoffgehalt der silurischen Gesteine ist in z. Z. noch kaum erkennbarer Weise durch sekundäre Einflüsse verändert worden, so daß eine Ermittlung der ursprünglichen Sedimentationsbedingungen schwieriger ist. Es ist aber auffällig, daß die sicherlich primär kohlenstoffärmeren Proben aus dem Ostteil des untersuchten Gebietes auch bemerkenswert weniger Vanadin und Molybdän enthalten. Jedenfalls aber können wir annehmen, daß die für die Wallgauer Schiefer abgeleiteten Zusammenhänge auch für unser Gebiet Gültigkeit besitzen.

E) Zur Bindungsform der Spurenmetalle

Über die Bindungsform der einzelnen „dispersen Metalle" lassen sich nur schwer Angaben machen.

Mineralogisch einwandfrei definierte Mineralien i. e. S. sind in den vorliegenden Schiefern lediglich die Eisensulfide (Markasit und Pyrit), „Kohle" oder besser „kohlige Substanz" und der nicht isolierbare Quarz sowie die kaum zu definierende „tonige Substanz". Isomorph im Pyrit tritt vor allem Nickel auf. Auch die anderen Metalle, Kupfer, Blei und Zink, begleiten, wie gezeigt wurde, die Kiese, sei es als isomorphe Beimengung, sei es als selbständige Mineralien, wenigstens zum großen Teil.

Weitaus günstigere „Wirtsmineralien" für disperse Metalle als die Kiese mit ihren gut definierten Raumgittern sind aber die anderen Komponenten der Schiefer. Der ursprünglich als Gel ausgeschiedene Quarz konnte im Gelzustand viele Stoffe rein adsorptiv binden, auch solche, die im heutigen kristallinen Zustande nicht in das Gitter aufgenommen werden können. Tonerde ist in den Schiefern sicherlich nur in solchen Verbindungen enthalten, die auch heute nach Diagenese und Metamorphose nur sehr schlecht definierte Kristallgitter, meist Schichtgitter, bilden. Bezeichnend für derartige, glimmerartige Mineralien ist die Fähigkeit, vielerlei fremde Ionen aufnehmen zu können, auch wenn die Ionenradien nicht mit denen der Gitterbausteine gut übereinstimmen Dazu kommt die Fähigkeit, auf den Schichtebenen fremde Ionen oder Ionengruppen in stöchiometrisch nicht definierten Verhältnissen adsorptiv anlagern zu können. Hierbei werden vermutlich nicht gesättigte Valenzen bzw. van der Waal'sche Kräfte eine Rolle spielen. An derartige „Tonmineralien" dürfte hier ganz überwiegend Titan gebunden sein. Dabei dürfte kaum zu unterscheiden sein, ob das sehr leicht hydrolysierbare Element an Stelle von dreiwertigem Aluminium als Kation eintritt oder ob es als Titanat- oder Metatitanat-Ion Kieselsäure ersetzt

Eine weitere, als „Wirtsmineral" geeignete Komponente ist der Kohlenstoff. Von ihm ist zunächst nur mit Sicherheit auszusagen, daß er nicht als Graphit, sondern als „Kohle" vorliegt, die allerdings dem Anthrazit sehr nahe steht. Interessant ist, daß Flotationsversuche mit Material von Hohenleuben, die Herr Dipl.-Ing. MADSEN auf meine Bitte unternahm, ergaben, daß die Kohle mit allerdings schlechtem Ergebnis aus dem Schiefer heraus flotiert werden kann. Das „Ausbringen" war gering, die „Anreicherung" recht gut (ca. 70% C im Konzentrat). Die spektrographische Untersuchung der erhaltenen Produkte ergab, daß Vanadium im Kohlekonzentrat deutlich verarmt ist. Dagegen war neben einer Anreicherung von Eisen (wohl als Eisensulfid mitflotiert) eine Anreicherung von Nickel, Gold und Molybdän festzustellen. Da Analysen einwandfrei isolierter Kiese ergaben, daß diese sicher unter 0,08 g Au/t enthalten, bleibt nur die Annahme, daß Gold von der kohligen Substanz adsorptiv gebunden wurde. Daß Kohle — besonders Aktivkohle, aber auch Holzkohle — Gold leicht adsorbiert, ist eine dem Chemiker längst bekannte Tatsache. Ferner wurden mit dem gleichen Material Schlämmversuche durchgeführt. Die Tonmineralien und z. T. der Kohlenstoff liegen in feineren Kornklassen vor als die Kieselsäure, zerkleinern sich selektiv bei der Aufmahlung auch leichter. Die spektrographische und röntgenographische Untersuchung der feinsten Schlämme ergab auch, wie zu erwarten, eine nicht unerhebliche Anreicherung der Tonmineralien. Spektrographisch wurde festgestellt, daß auch die seltenen Metalle Vanadin, Titan, Molybdän und Chrom in dieser Fraktion angereichert wurden.

Übereinstimmend mit LUYKEN & KIRCHBERG (1944) kann somit festgestellt werden, daß es durch physikalische Aufbereitungsverfahren gelingt, einzelne Spurenelemente, besonders hier das Vanadium, in gewissen Fraktionen anzureichern. In oxydischen Eisenerzen stellten diese Autoren fest, daß Vanadium dabei besonders in den eisenreichsten Fraktionen angereichert wird. Das ist hier, bei dem gänzlich andersartigen Material, nicht der Fall.

Bei Untersuchungen über das Vorkommen von Metallen in Sedimentgesteinen darf die Frage nach der Stabilität der einzelnen Wertigkeitsstufen des betreffenden Metalls nicht übergangen werden.

Wie das Auftreten der Eisensulfide und des Kohlenstoffes beweist, ist die Ablagerung der Alaun- und Kieselschiefer unter anaeroben, reduzierenden Bedingungen erfolgt. Eisen lag ursprünglich wohl ausschließlich in zweiwertiger Form vor. Die dreiwertige Stufe des Titans ist aber so wenig stabil und nur unter sehr stark reduzierenden Bedingungen erhältlich, daß mit ihr nicht gerechnet zu werden braucht. Titan und Aluminium hydrolysieren so leicht, daß ihre Sulfide nicht stabil sind. Das gleiche gilt auch für Chrom. In einer schwefelwasserstoffgesättigten Umgebung, in schwach saurem bis schwach alkalischem Medium werden Kupfer, Nickel und Zink auf jeden Fall aber als Sulfide ausgeschieden werden. Bei der Ablagerung und Diagenese der hier betrachteten Schiefer mögen die p_H-Werte bei etwa 6,8—7,8, also eher auf der schwachalkalischen Seite, gelegen haben.

Schwieriger ist die Frage zu entscheiden, in welcher Form Vanadin und Molybdän gebunden wurden bzw. als was sie heute vorliegen. Unter den oben geschilderten Bedingungen wird Molybdän als Sulfid — in zunächst kolloidaler Lösung — vorgelegen haben. Mit Molybdän-Eisen-Mischsulfiden ist nicht zu rechnen; wohl aber ist Kupfersulfid öfters befähigt, Molybdänsulfid mitzureißen, wenn auch eine Mischkristallbildung nicht eintritt. Molybdänsulfid selbst besitzt ein ausgesprochenes Schichtgitter. In alkalischer Lösung liegt Molybdän als Sulfomolybdat vor; hier ist es aber wahrscheinlich doch als Sulfid ausgeschieden worden, freilich unter Fällungsbedingungen, die nur submikroskopische Teilchen entstehen ließen — wahrscheinlich durch Ausflockung kolloidaler Lösungen. Bemerkt sei, daß Molybdänsulfidsole zu den beständigsten kolloidalen Lösungen gehören.

Die Reduktionsstufen des drei- und vierwertigen Vanadins sind schon durch relativ milde Reduktionsmittel zu erreichen; sie sind bemerkenswert stabil und können auch nebeneinander auftreten. Ursprünglich lag Vanadin sicher als fünfwertiges Ion vor. Der Ionenradius von vierwertigem Titan beträgt 0,64 ÅE, von vierwertigem Vanadin 0,61 ÅE; die Radien sind also sehr ähnlich. Für Titan ist die vierwertige Stufe der höchste Oxydationszustand, der energetisch besonders stabil ist. Mit einer Reduktion zu Titano-Ion ist hier nicht zu rechnen. Der energetisch stabilste Zustand für Vanadium ist der fünfwertige, wenn auch die drei- und vierwertigen Stufen leicht hieraus erhältlich sind. Ferner hydrolysiert Titan (4) sehr leicht, während Vanadium hierzu kaum Neigung zeigt, sondern meist als stark polarisiertes Vanadat- bzw. Vanadylion vorliegt. Vanadium (5)-sulfid (V_2S_5) ist bekannt; auch dieses besitzt kein Ionen-, sondern ein ausgesprochenes Schichtgitter. An sich fällt Schwefelwasserstoff Vanadium nicht, sondern reduziert es nur, wobei meist die drei- und vierwertigen Stufen nebeneinander entstehen. Sind dagegen andere, durch Schwefelwasserstoff fällbare Ionen in der Lösung vorhanden, so entstehen stets vanadinhaltige Sulfidniederschläge, besonders, wenn die Lösungen nicht stark sauer sind. Quantitativ wird Vanadium auf diese Weise aber auch nicht ausgefällt.

Während für Molybdän also mit großer Wahrscheinlichkeit sulfidische Bindung allein anzunehmen ist, ist für Vanadium zu erwarten, daß ein Teil desselben in Sulfidform vorliegt, während ein anderer Teil an Hydroxyde bzw. durch Hydrolyse entstehende Alumo-Silikate isomorph oder adsorptiv gebunden wird. Eine Adsorption an die kohlige Substanz ist weniger anzunehmen. Experimentelle Untersuchungen an Vanadinlösungen mit Holz- oder Aktivkohle ergaben, daß Vanadin an diese nicht in erheblichem Umfang angelagert wird.

Wenn hier von oxydischen und sulfidischen Komponenten gesprochen wird, so geschieht dies, weil wir heute noch nicht übersehen können, welche Mineralien diese Komponenten eigentlich bilden. Sicher ist nur, daß mit einer ganz erheblichen Anzahl — besonders von Tonmineralien — gerechnet werden muß, wobei Kaolin-Hydrargillit wie auch glimmerähnliche Typen auftreten werden (serizit- bzw. chloritartige Mineralien). Auch über die Bindungsform des Titans in diesen Mineralien ist kaum etwas bekannt. Das Vorhandensein bzw. auch die Neubildung von Rutil ist zwar nicht auszuschließen; jedoch sind die Vanadinmengen zu groß, um etwa einen echten, isomorphen Einbau von Vanadin-(3)-Ionen an Stelle von Titan im Rutil als einzig mögliche Bindungsform dieses Elementes anzunehmen. Auch ist hier unter den obwaltenden Bedingungen das Auftreten von Vanadiumionen sehr unwahrscheinlich. Soweit eine Parallelität von Vanadium- und Titangehalten festgestellt wurde, ist sie nach Ansicht des Verfassers dadurch zu erklären, daß in diesem Falle beide Metalle in gleicher Art an Alumosilikate usw. gebunden vorliegen, da, wie oben gezeigt wurde, für Titan eine andere Bindungsform keinesfalls zu erwarten ist. Ein einfacher Ersatz von Titanionen durch Vanadinionen, gleichgültig welcher Wertigkeitsstufe, dürfte nicht in Frage kommen.

F) Spätere Umwandlungen bei Diagenese und Metamorphose

Die hier angestellten Erwägungen gelten zunächst nur für die Zeit der Ablagerung des Gesteins. Schon bei der Diagenese mögen gewisse Umlagerungen erfolgt sein, deren Ausmaß sich bei der — hier allerdings noch relativ schwachen — Metamorphose steigerte. Prinzipielle Änderungen dürften hierbei aber noch nicht erfolgt sein. Hauptsächlich dürfte es sich bei diesen Umlagerungen um Austritt von Wasser, Kristallinischwerden von Gelen usw. handeln. Bei stärkerer metamorpher Umwandlung, wie sie der Epi- und Katazone entsprechen, setzen auch offenbar Abwanderungen der Spurenmetalle ein, soweit sie nicht in besonders hierzu befähigten, neu gebildeten Mineralien angereichert werden. Hierfür sind die akzessorischen Schwermineralien Biotit bzw. Granat und Rutil zu nennen; auch Hornblenden und dergleichen nehmen oft diese Metalle in gewissem Umfange auf. Über das Verhalten des Vanadins bei der Gesteinsmetamorphose hat Verfasser 1942 kurz berichtet. Dieser ganze Fragenkomplex bedarf aber noch eingehender Bearbeitung.

Grundsätzlich dürften die oben durchgeführten Erörterungen soweit auch für den heutigen Erhaltungszustand der Schiefer — soweit sie nicht durch Verwitterungsvorgänge zersetzt wurden — zutreffen.

In diesem Zusammenhang ist die Betrachtung der analysierten Profile von Interesse. Die wechselnde Ähnlichkeit der Vanadin-Verteilungskurve mit der des Molybdäns als Prototyp der sulfidischen Bindung oder der des Titans als Beispiel für adsorptive oder isomorphe Bindung an oxydische Komponenten zeigt, wie innerhalb der einzelnen Schichtenfolgen die Bindung für die eine oder andere Bin- ungsfordm überwiegt.

V. Über die Herkunft der Spurenmetalle und zur Frage des gotlandischen Vulkanismus

Es wird gelegentlich die Ansicht geäußert, daß alle oder einige der Spurenmetalle durch vulkanische oder andere hydrothermale Einflüsse in die Schichten gelangt seien. Wie wir gesehen haben, ist die Führung von derartigen dispersen Elementen ein weltweit verbreitetes Phänomen, das völlig unabhängig vom geologischen Alter der Schichten ist. Auch läßt die Verteilung der Metalle innerhalb eines Profils nicht auf eine nachträgliche Stoffzufuhr schließen. Schließlich sind diese hier betrachteten Sapropelbildungen fast stets in Zeiten entstanden, in denen magmatische Tätigkeit im Sedimentationsraum nicht nachweisbar ist. Dies gilt auch für die obersilurischen Schichten Thüringens. Zwar ist aus anderen Teilen Europas vulkanische Tätigkeit in dieser Zeit bekannt; für den hier betrachteten Raum sind zureichende Beweise aber nicht erbracht. Freilich kommen gelegentlich Diabase im Obersilur vor; es handelt sich aber stets um echte Gänge oder Lagergänge. Die vogtländischen Paläopikrite sind erst recht erheblich jünger. Sie besitzen einen Chromgehalt von ca. 0,1—0,2%. Es war jedoch niemals möglich, in den Schiefern unmittelbar neben dem Paläopikrit auch nur die geringste Anreicherung von Chrom festzustellen. In den hangenden und liegenden Schiefern treten echte, offenbar submarine Ergüsse auf, ohne daß in diesen Schichten die geringsten Anreicherungen an den hier in Rede stehenden Metallen zu beobachten wären.

An der syngenetisch-sedimentären Herkunft der hier untersuchten Metalle ist somit nicht zu zweifeln.

A) Metallspuren in Meerwasser und Organismen

Über den Gehalt des Meerwassers an Metallen und deren Gehalte in Lebewesen gibt Kalle (S. 218) eine sehr aufschlußreiche Tabelle, die hier folgen möge:

Tabelle 18

Verteilung der physiologischen Elemente

Plastische Elemente	100 g Organismus enthält trocken N	1 cbm Meerwasser enthält A	N / A
H	7 g	—	—
Na	3 g	10,75 kg	3600
K	1 g	390 g	390
Mg	0,4 g	1,3 kg	3300
Ca	0,5 g	416 g	830
C	30 g	28 g	1
Si a)	0,5 g	500 mg	1
Si b)	10 g	500 mg	0,05
N	5 g	300 mg	0,06
P	0,6 g	30 mg	0,05
O als O und CO	47 g	90 g	2
S	1 g	900 g	900
Cl	4 g	19,3 kg	4800

Katalytische Elemente	100 g Organismus enthält trocken N	1 cbm Meerwasser enthält A	A / N
Cu	5 mg	10 mg	2
Zn	20 mg	5 mg	4
B	2 mg	5000 mg	2500
V	3 mg	0,3 mg	0,1
As	0,1 mg	15 mg	150
Mn	2 mg	5 mg	2,5
F	1 mg	1400 mg	1400
Br	2,5 mg	66 mg	26000
Fe a)	1 mg	50 mg	0,0
Fe b)	40 mg	50 mg	1,35
Al	1 mg	120 mg	120
Ra	$4{,}10^{-12}$ g	10^{-10} mg	2,5

Silizium: a) gewöhnliche Organismen, b) Diatomeen;
Eisen: a) pflanzliches Plankton, b) tierisches Plankton.

Die Angaben beziehen sich auf rezente Verhältnisse und Meerwasser von 3,5% Salzgehalt. Mögen die Werte im einzelnen auch vielleicht noch nicht als endgültig anzusehen sein, so gibt die Tabelle doch einen ausreichenden Überblick über die Verhältnisse. Bemerkt sei, daß nur die im Wasser gelösten Stoffe berücksichtigt wurden. Die in diesem enthaltenen Mengen Wasserstoff und Sauerstoff wurden nicht aufgeführt.

Die in 100 g Trockensubstanz enthaltenen Werte bedeuten die „Nachfrage" des organischen Lebens nach diesen Metallen. Die im Kubikmeter Wasser enthaltenen Mengen bedeuten demgegenüber das „Angebot". Diejenigen Elemente, bei denen der Relativwert A : N am kleinsten ist, werden daher dem Wasser am ehesten entzogen. Sie geben als „Minimumstoffe" die Grenze des organischen Lebens an, die auch bei noch so großem Angebot an anderen lebenswichtigen Stoffen eine weitere Existenz unmöglich macht.

Während im rezenten Meerwasser rund 15 mal mehr Zink und 30 mal mehr Kupfer als Vanadium enthalten ist, liegen in den untersuchten Sedimenten die Verhältnisse ganz anders. Im allgemeinen ist hier rund 10—20 mal weniger Zink und 5—10 mal weniger Kupfer als Vanadium enthalten. Möglicherweise ist früher die Zusammensetzung des Meerwassers eine andere gewesen; so groß können die Unterschiede gegenüber den heutigen Verhältnissen aber nicht gewesen sein, daß sie allein zur Deutung dieser Tatsachen ausreichten.

Über die Anreicherung bestimmter Metalle durch die lebende Substanz im Meere gibt Kalle folgende Werte:

Metall	Faktor
Kupfer . . .	500
Zink	4000
Vanadin . .	1000
Eisen	2000 (Phytoplankton)
Eisen	800 (Zooplankton)

Diese Zahlen beziehen sich auf Durchschnittswerte. VERNADSKY hat 1933 ähnliche Berechnungen aufgestellt, bei denen er durch Berücksichtigung der Maximalwerte wesentlich höhere Faktoren erhält.

Bekannt ist, daß gewisse Tierarten wie Ascidien und Holothurien ganz ungewöhnlich hohe Anreicherungen von Vanadin in ihrem Körper aufweisen. Dies sind aber relativ hoch organisierte und verhältnismäßig seltene Lebewesen, die man nicht für die hohen Vanadingehalte in Sedimenten verantwortlich machen kann. Die von KALLE gegebenen Durchschnittswerte dürften den tatsächlichen Verhältnissen besser entsprechen.

Über die Mengen von pflanzlichen und tierischen Lebewesen, die den durchschnittlichen Ertrag von 1 qcm Fläche pro Jahr ergeben, finden sich bei KALLE folgende Angaben:

Plankton, westliche Ostsee .	1925	10	mg/cm²
„ , Kieler Bucht . .	1887	15	„
„ , Sund	1937	11	„
Diatomeen, Englischer Kanal	1932	21	„
Fische, Nordsee	1922	0,048	„
„ , isländ. Gewässer . .	1922	0,068	„
„ , Ostsee	1922	0,008	„
„ , tropische Seen, maximal		4	„

Man kann normalerweise wohl mit 10—20 mg pflanzlicher Substanz rechnen. Gegenüber diesen Zahlen für niedere Lebewesen tritt der jährliche Ertrag von ca. 0,05—0,1 mg an Fischen sehr stark zurück, von noch höher organisierten Lebewesen ganz zu schweigen.

Die Zahlen stützen sich auf nur sehr wenig Beobachtungsmaterial. Es wäre wichtig, auch für rezente Meere mit Sapropelfazies am Boden Angaben zu erhalten. Annehmbar gelten diese Zahlen wenigstens der Größenordnung nach auch für das Meer der Silurzeit. Aufzuklären wäre noch, wie weit Vanadin besonders bei Sauerstoffmangel in niederen Organismen andere Metalle, besonders Eisen, zu ersetzen vermag. Diese von KREJCI-GRAF geäußerte Ansicht hat vor allem wegen des leichten Überganges von einer in die anderen Oxydationsstufen und wegen der auch sonst bekannten katalytischen Eigenschaften von Vanadin vieles für sich.

B) Versuche einer Ermittlung der Entstehungsdauer der Alaun- und Kieselschiefer

Fassen wir die hier gegebenen Zahlen zusammen, so ergibt sich, daß in 1000 Jahren folgende Metallmengen durch Lebewesen gebunden werden (bei 10 mg Ertrag je cm² und Jahr):

Metall	mg je cm² in 1000 Jahren
Zn	2 mg
Cu	0,5 „
V	0,3 „

Diese Metallmengen werden nun besonders unter normalen Bedingungen (kein Sauerstoffmangel) nur zu einem geringen Teil sedimentiert und somit dem Meerwasser und dem biologischen Kreislauf für gewöhnlich nicht entzogen. Unter den Bedingungen der „Schwarzmeerfazies" dagegen gelangen die abgestorbenen Lebewesen absinkend in eine Zone, in der ihre Wiederauflösung nur sehr unvollkommen erfolgt. Insbesondere ist mit einer Auflösung von Vanadin und Molybdän nicht zu rechnen. Dagegen dürften Zink und Kupfer weitgehend gelöst werden, wie im folgenden ausgeführt wird.

Um versuchsweise eine Berechnung über die Entstehungszeit der Alaun- und Kieselschiefer durchzuführen, seien folgende Zahlen gegeben: Bei einem durchschnittlichen Vanadingehalt von 0,1% sind 0,3 mg Vanadin in 0,3 g Schiefer enthalten. Dies bedeutet bei einem spezifischen Gewicht von rund 3 ein Volumen von 0,1 cm³ oder das eines Plättchens von 1 qcm Fläche und 0,1 cm Höhe. In 1000 Jahren wären danach 1 mm heutige Sedimenthöhe entstanden. Für 10—50 m — innerhalb dieser Zahlen dürften wohl die Mächtigkeiten der Alaun- und Kieselschiefer liegen — wären demnach 10 bis 50 Millionen Jahre erforderlich gewesen.

Zur Kritik dieser Näherungsrechnung sei auf folgendes hingewiesen: CLARKE (1924) erhält auf Grund ganz anderer Berechnungen als durchschnittliche Gesamtsedimentmenge für marine Ablagerungen 0,67 mg/cm²/Jahr. Andere Forscher (ebenda) erhalten etwas geringere Zahlen. Die hier ermittelte Zahl von 0,3 mg/cm²/Jahr paßt trotz der geringen Genauigkeit ihrer Ableitung ganz gut zu diesen sehr viel sicherer ermittelten Größen. Daß die von uns ermittelte Zahl etwas niedriger liegt, dürfte auch dadurch begründet sein, daß in der hier betrachteten Sedimentfolge terrestrisches Material keine Rolle spielt, sei es wegen der zu großen Landferne, sei es wegen zu geringer Erosion.

Für absolute geologische Altersbestimmungen, die auf Grund des radioaktiven Zerfalls ermittelt wurden, liegen folgende Zahlen von HOLMES (zitiert nach BUBNOFF 1941) vor:

Nordamerikanisches
Spätordovizium . . Alter rund 360 Mill. Jahre,

Nordamerikanisches
Oberdevon . . . . Alter rund 280 Mill. Jahre.

Danach würde sich für Gotlandium + Devon eine Zeitspanne von 80 Mill. Jahren errechnen, was auch wiederum mit den oben abgeleiteten Zahlen annähernd übereinstimmt.

Die obige Berechnung erhebt keinen Anspruch auf Genauigkeit. Sie zeigt aber, daß unter Anwendung sorgfältig ermittelter Durchschnittswerte aus rezenten Verhältnissen und eingehenden geochemischen Untersuchungen sehr wohl Überschlagsrechnungen angestellt werden dürfen, die den Vergleich mit direkten exakten, absoluten Altersbestimmungen aushalten. Sie ist damit ein Hinweis dafür, daß die Annahme von den heutigen Verhältnissen völlig abweichender Bedingungen selbst für geologisch derartig alte Epochen nicht notwendig ist.

Eine andere Möglichkeit, den Vanadingehalt derartiger Sapropelsedimente überschlagsweise auf Grund rezenter Vergleichszahlen zu ermitteln, ist folgende:

Aus der angeführten Tabelle über den durchschnittlichen Gehalt mariner Lebewesen an Vanadin ist zu entnehmen, daß 100 g Organismen trocken etwa 3 mg Vanadin enthalten. Derartig getrocknetes Material hat einen Aschengehalt von 0,5—5% im Durchschnitt. Bei der völligen Veraschung würde sich also ein maximaler Vanadingehalt des Rückstandes von ca. 0,03% (bei 1% Aschengehalt) ergeben. Diese Zahl ergibt einen zu hohen Wert, da ja nur eine Verkohlung, aber keine völlige Veraschung erfolgt. Auf der anderen Seite müssen wir aber auf Grund der oben erwähnten Untersuchung der kohligen Substanz schließen, daß die Graptolithen höhere Vanadingehalte aufweisen, als dem von uns zugrunde gelegten Durchschnittswert für sämtliche Lebewesen entspricht. Gleichgültig, welche Annahme man zu machen geneigt ist, ergibt sich die „wahrscheinlichste" Größenordnung des Vanadingehaltes derartiger mariner Sedimente zu etwa 50—500 g/Tonne, also auch wieder entsprechend der tatsächlich beobachteten. Für Gesteine limnischer Herkunft können heute derartige Berechnungen noch nicht angestellt werden.

C) Über die Verhältnisse der Spurenmetalle zueinander

Nach diesen Überlegungen sind die Gehalte an Vanadin leicht erklärbar. Schwieriger ist die Frage, warum sich die Verhältnisse der einzelnen Metalle zueinander so stark verschoben haben. Kupfer und Zink müßten in größerer Menge in den Sedimenten vorhanden sein als Vanadin und dessen Begleiter. Man könnte natürlich annehmen, daß die Lebewesen, aus denen diese Gesteine ihren Gehalt an seltenen Metallen erhielten, eben mehr Vanadin und Molybdän enthielten als andere Metalle. Dies mag nach dem, was wir in der Frage des Verhaltens des Vanadin bei anaeroben biologischen Vorgängen vermuten, wohl auch z. T. zutreffen. Zudem sind noch folgende, rein chemische Gründe zu berücksichtigen:

In Meeren, an deren Boden reine Faulschlammsedimente entstehen, liegt über dem nicht durchbewegten, mit Schwefelwasserstoff gesättigten Bodenwasser an der Grenze zum durchlüfteten Oberflächenwasser eine stark sauer reagierende Zone. Diese Anreicherung von Schwefelsäure verdankt ihre Existenz der Tätigkeit von Schwefelbakterien. Die entstehenden Schwefelsäuremengen müssen sehr beträchtlich sein. ARCHANGELSKY berichtet, daß zeitweilig das Oberflächenwasser des Schwarzen Meeres heute so sauer reagiert, daß Netze und Stricke der Fischerboote zerfressen werden. Er führt dies darauf zurück, daß durch Stürme — nach ihnen tritt dieses Phänomen vor allem auf — eine Aufwirbelung des Wassers aus dieser sauren Zone erfolgt.

Alle aus oberen Zonen absinkenden Stoffe müssen diese Zone passieren und sich je nach Mächtigkeit der sauren Schicht und ihrer eigenen Sinkgeschwindigkeit mehr oder weniger lange darin aufhalten. Dabei werden sie durch die Schwefelsäure angegriffen und in ihrem Stoffbestand verändert. Nun sind sowohl Zinkhydroxyd wie Zinksulfid in Säuren sehr leicht löslich. Daß also gerade dieses Element in den hier betrachteten Schichten nicht angereichert wird, ist durchaus verständlich. Vanadin und wahrscheinlich auch Molybdän werden unter diesen Bedingungen als Vanadin- bzw. Molybdänsäure (V_2O_5 und MoO_3) ausgefällt, soweit sie nicht als Sulfide vorliegen und unzersetzt absinken. Wahrscheinlich verbleiben diese Stoffe in den absinkenden Organismen, die selbst durch die Säure nur eine Gerbung erfahren.

Zum Zustandekommen der heute beobachteten Elementkombination dürften die angeführten biologischen und chemischen Gründe wohl ausreichen, wobei unseres Erachtens das Schwergewicht auf der biologischen Seite liegt.

In Meeresteilen, an deren Boden Gyttja-Fazies herrscht, fehlt diese sauere Zone im Wasser, auch ist die oberste Bodenschicht noch nicht mit Schwefelwasserstoff verseucht. Der Meeresboden gibt in diesem Falle auch höheren Organismen als einigen bestimmten Bakterienarten Lebensmöglichkeit. Die Schwefelwasserstoffzone liegt einige Zentimeter bis Dezimeter tiefer im Boden. Es ist daher leicht verständlich, daß Gyttja-Sedimente auch durch andere Gehalte an Spurenmetallen charakterisiert sind.

D) Vergleich mit rezenten Faulschlamm-Sedimenten. Frühere Arbeiten

Es erschien in diesem Zusammenhang wünschenswert, auch rezente Proben zum Vergleich zu analysieren. Material aus limnischen Sapropelbereichen scheidet natürlich aus, da hier mit anderen geochemischen Verhältnissen und anderen Elementkombinationen zu rechnen ist; dies zeigen unsere bisherigen Untersuchungen, die an anderer Stelle veröffentlicht werden sollen, mit voller Deutlichkeit.

Faulschlamm- und Gyttjafaziesbereiche in Meeren sind von verschiedenen Stellen bekannt. Interessant wären natürlich Proben aus dem Schwarzen Meer gewesen, die aber nicht zu beschaffen waren. Als „Modell" für das Thüringische Silurmeer ist das Schwarze Meer ohnehin nicht brauchbar; dazu liegen hier die Verhältnisse doch zu anders.

Bekannt ist, daß es im Bereich der Nord- und Ostsee gewisse, räumlich freilich nicht sehr ausgedehnte Stellen gibt, an denen mit Schwefelwasserstoff verseuchtes, ruhiges Bodenwasser über Sapropelböden steht. Der liebenswürdigen Unterstützung von Prof. O. PRATJE (Deutsches hydrographisches Institut Hamburg) verdanke ich die im folgenden besprochenen Proben.

Wie Prof. PRATJE mir mitteilt, ist in der Ostsee in den Becken nicht dauernd H_2S im Wasser vorhanden. Von Zeit zu Zeit werden die Becken durch Fremdwassereinbrüche durchlüftet, doch ist das Sediment immer stark reduziert. Wir müssen hier also mit Bereichen rechnen, in denen Sapropel- mit Gyttjafazies zeitlich wechselt. Insbesondere der Spezialfall, in dem H_2S-gesättigter, sulfidreicher Meeresboden neutraler bis schwach alkalischer Reaktionen von normalem, sauerstoffhaltigem Wasser überspült wird, ist natürlich zur Metallausfällung besonders geeignet. Bei der eigentlichen Gyttja ist die oberste Bodenzone ja durchoxydiert; die Metallfällung wird hier nur aus dem in den Boden eindringenden und bis an die reduzierte Zone gelangenden Wasser erfolgen.

In diesem Zusammenhang sind also gerade die Proben aus der Ostsee besonders interessant. Natürlich sind zwar die dortigen Faulschlammbereiche viel unbedeutender, als es im Silurmeer der Fall war. Der Wechsel verschiedener Faziesbereiche an ein und derselben Stelle trifft aber für beide zu. Auch die Tiefe der Ostsee dürfte der Tiefe des Thüringischen Silurmeeres eher entsprechen als das über 4000 m tiefe Schwarze Meer.

Die geographischen Positionen der untersuchten Proben gibt die folgende Aufstellung:

Ostsee

	Breite	Länge	Tiefe
1. Gotland-Mulde .	57° 0,0′ N	19° 30,2′ O	180 m
2. Bornholm-Becken	55° 2,3′ N	16° 16,5′ O	67 m
3.	53° 12,5′ N	16° 14,5′ O	79 m

Nordsee. (Norwegische Fjorde)

4. Nordfjord . . .	61° 49,2′ N	5° 40,0′ O	113 m
5. Ulvesund . . .	61° 57,4′ N	5° 9,2′ O	58 m
6. Drontheimfjord.	63° 26,1′ N	8° 40,7′ O	240 m
7. Nord-Rauen . .	66° 15,1′ N	13° 46,3′ O	517 m

Die gefundenen Metallgehalte zeigt Tabelle 19 in g/t; die davor aufgeführten Werte für organischen und an Karbonat gebundenen Kohlenstoff wurden von Prof. LISSNER (Chemische Abteilung des Braunkohlenforschungs-Instituts der Bergakademie Freiberg in Sachsen) dankenswerterweise ermittelt. Mit Ausnahme von Probe 6 ist der Karbonatgehalt unwesentlich; die Sedimente sind tonig-sandig.

Tabelle 19

Nr.	Karbonat- Kohlenstoff %	Organ. Kohlenstoff %	V	Mo	Cu	Ni	In	Pb
1	0,37	3,39	100	30	30	70	—	Sp.
2	0,26	0,55	60	Sp.	40	100	5	30
3	0,09	5,91	80	40	60	80	10	50
4	0,56	5,63	80	20	50	60	—	50
5	n. best.		20	30	40	10	Sp.	20
6	3,07	3,10	80	10	40	10	5	20
7	0,42	1,60	100	10	50	50	5	50

Die Ergebnisse zeigen, daß wir auch hier die Metallgehalte wiederfinden, die wir aus dem fossilen Material kennengelernt haben.

Interessant ist auch in dem oben erwähnten Zusammenhange, daß gerade die drei Proben aus der Ostsee, bei denen gelegentlicher Fazieswechsel auftritt, durch höhere Nickelgehalte auffallen. Zink, Kadmium und Chrom konnten in keiner Probe nachgewiesen werden. Die Frage der Verteilung der Spurenmetalle in rezentem und subrezentem Material muß freilich noch näher geklärt werden. Untersuchungen dazu sind in Arbeit.

VI. Über das Vorkommen von Gold im Alaunschiefer

Frühere Arbeiten

Es wird verschiedentlich erwähnt, daß Anfang des vorigen Jahrhunderts aus sogenanntem „Vitriolschmant“ des Saalfelder Alaunwerkes eine nicht ganz geringfügige Goldmenge gewonnen werden konnte. Das Gold wurde in Eisenockerabsätzen gefunden, die beim Klären der im Kreislauf arbeitenden Lösewässer zur Alaungewinnung anfielen.

Auch der Eisenocker, der sich in der Wasserseige der Stollen angesammelt hatte, führte Gold, das daraus gewonnen wurde.

R. HUNDT (1941) erwähnt, daß der Alaunschiefer vom Weinberg bei Hohenleuben 0,2 g Gold pro Tonne enthält. Als Goldbringer vermutet er Diabase, Tuffe und Brekzien, die besonders in Hohenleuben reichlicher vorkommen.

Neue Analysenergebnisse

Unsere Untersuchungen bestätigten die Feststellung von HUNDT, daß die Kiese aus den Alaun- und Kieselschiefern keinen Goldgehalt führen.

Weitere Untersuchungen ergaben, daß die Schiefer selbst vielfach geringe Goldgehalte aufweisen.

Über die Analysenergebnisse berichtet die folgende Tabelle 20:

Tabelle 20

Fundort	Gehalt g/t Au	Gehalt g/t Ag
Ronneburg, Lärchenhügel	0,1	12
Ronneburg, Schlängelweg	—	1
Rückersdorf, Stbr. v. E. Bock	—	15
Rückersdorf, hinterer Bruchteil	0,05	20
Unterkoskau	0,5	5
Zeulenroda, Büchersmühle	0,3	25
Zeulenroda, Bruchsohle	0,05	25
Weinberg Hohenleuben, oberer Bruch .	0,3	25
Weinberg Hohenleuben, unterer Bruch .	—	5
Weinberg Hohenleuben, oberer Bruch, Ostteil	0,05	15
Schmiedefeld bei Gräfenthal	0,1	3
Mühlwand	0,2	10
Mühlwand, typischer Alaunschiefer . .	0,8	30
Mühlwand, Alaun- und Kieselschiefer .	Sp.?	15

Über die Analysenmethode siehe weiter unten.

Die Einwaage zur Analyse betrug hier stets 0,5 kg. Die Werte streuen nicht einmal sehr erheblich, bleiben aber weit unter der Bauwürdigkeitsgrenze. Gehalte an Platinmetallen waren in keinem Falle nachweisbar, müssen somit geringer sein als 0,005 g/t. Die Gehalte an Silber gehen den Goldgehalten etwa parallel, liegen aber etwa zwei Größenordnungen höher.

Wie früher ausgeführt, begleitet Gold bei Flotationsversuchen auf Graphit die kohlige Substanz in das Konzentrat. Daß Kohlenstoff ein sehr gutes Adsorptionsmittel für Edelmetalle ist, ist schon länger bekannt. Ferner ergaben die Untersuchungen, daß der Goldgehalt der Schiefer unabhängig von den — ohnehin jüngeren — Diabasen auftritt.

Diskussion der Ergebnisse und der Herkunft der Edelmetalle

Nach KALLE beträgt der durchschnittliche Gehalt des heutigen Meerwassers rund $4{,}10^{-10}$% Au und $3{,}10^{-7}$% Ag (bei $5{,}10^{-6}$% Cu). Über den Goldgehalt wissen wir ferner durch die Untersuchungen von HABER, daß er in ein und demselben Meeresteil zu verschiedenen Zeiten außerordentlich schwanken kann; auch wesentlich höhere Werte, als oben angegeben, wurden beobachtet, ebenso oft auch freilich erheblich geringere.

Wenn die Annahme einer syngenetischen Herkunft des Goldes zutreffen soll, müßte Gold auch in rezenten Meeresbodenproben ähnlicher Fazies nachweisbar sein.

Die schon erwähnten Proben aus der Nord- und Ostsee wurden daher auch auf ihren Goldgehalt hin untersucht; dabei konnte hier nur 1 g Substanz jeweils verwendet werden, wodurch die Nachweisgrenze höher liegt als bei den Kieselschieferproben. Die verwendete Lichtbogenanregung nach V. M. GOLDSCHMIDT ist überdies auch etwas ungenauer, so daß wir hier mit einer größeren Fehlerbreite zu rechnen haben als bei den obigen Analysen. Die Ergebnisse der Untersuchungen gibt die folgende Tabelle 21:

Tabelle 21

Nr.	Fundort	Tiefe m	g Au/t
1	Gotland-Mulde	180	0,7
2	Bornholm-Becken	67	0,7
3	Bornholm-Becken	79	0,5
4	Nordfjord	113	1,7
5	Ulvesund	58	0,7
6	Drontheimfjord	240	2,5
7	Nord-Rauen	517	2,5

Die Ergebnisse zeigen, daß auch in rezenten Faulschlammsedimenten mariner Herkunft Gold nachweisbar ist. Besonders interessant wären in diesem Zusammenhang Proben aus dem Schwarzen Meer, die aber leider nicht zur Verfügung standen. Diese Ergebnisse stützten die Annahme einer syngenetisch-sedimentären Herkunft des im Kieselschiefer enthaltenen Goldes auf das beste.

Anhang

I. Zur analytischen Methodik

1. Allgemeine Bemerkungen zur analytischen Methodik

Analytisch erfaßt werden sollten in jeder Probe verschiedene Spurenelemente. Besonderer Wert wurde auf Vanadin und Molybdän gelegt. Chrom, Nickel, Kobalt, Titan und seltene Erden wurden in den meisten Fällen aber ebenfalls bestimmt. Die Gehalte an diesen Stoffen lagen zwischen 0,5 und 0,001 %. Da es sich um sehr große Analysenzahlen handelte, schieden gewichtsanalytische Methoden von vornherein aus. Für einige der genannten Metalle sind kolorimetrische Analysenverfahren bekannt. Es gelang, unter Anwendung dieser Verfahren für einige Metalle recht einfache photometrische Bestimmungsverfahren zu entwickeln, über die im folgenden berichtet werden wird. Für Kobalt, Nickel und die seltenen Erden besteht diese Möglichkeit aber nicht. Chrom, Vanadin und Molybdän sind maßanalytisch, besonders potentiometrisch, bei höheren Gehalten gut bestimmbar. Bei den hier in Rede stehenden geringen Mengen werden die Verfahren aber außerordentlich umständlich und langwierig. Auch die seinerzeit von JOST (1932) angegebene potentiometrische Vanadinbestimmungsmethode muß als zu umständlich abgelehnt werden. Zur Durchführung der Aufgabe erwiesen sich lediglich spektralanalytische Analysenverfahren als anwendbar, da nur diese die Bestimmung aller interessierenden Elemente innerhalb tragbarer Frist gestatten.

2. Spektralanalytische Methoden

Bei der Durchführung spektralanalytischer Bestimmungen sind folgende Wege grundsätzlich möglich:

Die Anregung der Spektren kann durch Lichtbogen oder Funken geschehen. Bei Anregung durch den Funken ist man auf elektrisch leitende Proben oder auf Lösungen angewiesen. Erze und Gesteine lassen sich quantitativ bei Funkenanregung nur lösungsspektralanalytisch untersuchen. Bei Anregung im Lichtbogen sind alle Proben sowohl in Lösung wie als Substanzpulver quantitativ analysierbar. Hierbei ist es grundsätzlich gleichgültig, ob man sich des Verfahrens von GOLDSCHMIDT-PETERS (Anregung im Gleichstromdauerbogen unter Ausnutzung der Linienverstärkung im Kathodenfall) oder des mechanischen bzw. elektrisch gesteuerten Abreißbogens nach GERLACH oder PFEILSTICKER bedient.

Bei der Untersuchung der Analysensubstanz ohne chemische Vorbehandlung ist nach unseren Erfahrungen der Gleichstromdauerbogen vorzuziehen. Das klassische Verfahren von GOLDSCHMIDT-PETERS liefert zwar Übersichtswerte, die Genauigkeit genügt den heutigen Ansprüchen aber nicht mehr. Ein sehr wesentlicher Nachteil aller Verfahren ohne chemische Vorbehandlung der Probe liegt darin, daß die verschiedene „makrochemische" Zusammensetzung der Probe nicht unerheblichen Einfluß auf die Intensität der Spektrallinien auch der

Spurenmetalle hat. Bekannt ist längst, daß Alkali-Ionen die Nachweisempfindlichkeit der meisten Elemente sehr stark verringern. Die gleiche Beobachtung macht man aber auch bei kalkreichen oder bituminösen Proben. Es ist also in jedem Fall erforderlich, die Proben durch Zusatz eines Fremdstoffes in erheblichem Überschuß so zu „homogenisieren", daß die wechselnde chemische Zusammensetzung der Probe selbst keinen Einfluß mehr ausübt. Ob man dies nach dem Vorbild von PREUSS durch Zumischen von Kohle erreicht oder ob man Eisenoxyd, Tonerde usw. zuschlägt, ist an sich gleichgültig. Nach unseren Erfahrungen sind die unter Berücksichtigung aller Vorsichtsmaßregeln auf diese Weise erhaltenen Ergebnisse aber noch nicht vollkommen befriedigend. Es bleibt auf jeden Fall der Nachteil bestehen, daß zur Analyse selbst nur eine außerordentlich geringe Menge der Probesubstanz verwendet wird (meist 1—12 mg höchstens). Da derart geringe Einwaagen nur schwer oder gar nicht einen zuverlässigen Durchschnitt durch die Zusammensetzung des Gesamtmusters repräsentieren, sind die erhaltenen Ergebnisse naturgemäß nicht sehr zuverlässig.

3. Chemische Vorbehandlung der Proben zur Spektralanalyse

Die von SCHNEIDERHÖHN und seinen Mitarbeitern immer wieder betonte Notwendigkeit, schon im Interesse einer besseren Durchschnittsbildung größere Einwaagen chemisch vorzubehandeln, ehe sie spektrographiert werden, ist unbedingt zu beachten.

Um größere Einwaagen und die als zuverlässiger erkannte Anregung der Spektren durch den Funken verwenden zu können, wurde daher bei uns folgendes Verfahren benutzt:

Die Probesubstanz wurde fein aufgerieben, die Einwaage von zureichender Größe (meist 1 g) wurde im Silbertiegel mit Natriumhydroxyd aufgeschlossen, wobei, falls erforderlich, Kaliumnitrat in geringer Menge zugesetzt wurde. Nach Fertigstellung des Aufschlusses wurde in ca. 100—200 ccm Wasser gelöst und nach Eintritt völliger Auflösung filtriert. Der wäßrige Auszug der Schmelze enthält die Metalle Vanadin, Molybdän, Chrom, wie wir uns überzeugten, quantitativ. Lediglich bei sehr großen Kalzium- und Phosphorgehalten verbleibt ein geringer Teil des vorhandenen Vanadins im unlöslichen Rückstand. Die hier gewonnene stark alkalische Lösung ist zur Spektralanalyse noch nicht verwendbar. Zur Anreicherung der gesuchten Metalle erwies es sich als zweckmäßig, diese mittels Oxychinolin aus schwach saurer bzw. neutraler Lösung zu fällen. Hierzu wurde die Aufschlußlösung mit Salzsäure schnell angesäuert (schnell, sonst fällt Kieselsäure aus). Die Lösung wird anschließend mit Natronlauge etwa auf einen p_H-Wert von 1—2 gebracht und mit einer ausreichenden Menge essigsaurer Oxinlösung versetzt. Danach wird tropfenweise weiter Natronlauge zugegeben, bis die Fällung bei einem p_H-Wert von ca. 4 beendet ist. Hierbei fällt ein erheblicher Teil des anwesenden Aluminiums mit aus und reißt dadurch die vorhandenen seltenen Metalle mit. Sollte kein Niederschlag entstehen, so empfiehlt es sich, entweder ein wenig Alaunlösung zuzusetzen oder durch Abstumpfung der Fällungslösung bis zum p_H-Wert 6—7 auf jeden Fall eine Fällung zu erzwingen. Nach unseren Erfahrungen ist das handelsübliche analysenreine Alaunpräparat ohne weiteres geeignet. Die Oxinfällung wird kurz abstehen gelassen und sodann durch Papierfilter filtriert. Sorgfältiges Auswaschen ist nicht erforderlich. Die Fällung wird anschließend mit heißer, 1 : 1 verdünnter Salzsäure vom Filter in ein 50 ccm-Becherglas gelöst. Wendet man ca. 30—40 ccm Salzsäure auf, so ist das Filter genügend ausgewaschen und braucht nicht verascht zu werden. Die Lösung wird nun erst auf dem Sandbad, zum Schluß auf dem Wasserbad zur Trockne gedampft. Zur Spektralanalyse wird dann der Rückstand in 1 : 1 verdünnter Salzsäure gelöst und auf 10 ccm aufgefüllt. Diese Lösung wird darauf in üblicher Weise spektrographiert, sei es, daß man nach SCHEIBE-RIVAS einige Tropfen auf der Kohle eindampft oder, wie wir im allgemeinen verfahren, eine mit entsprechender Bohrung versehene Kohle mit dieser Lösung füllt.

Da Chrom durch die Oxinfällung nicht zuverlässig erfaßt wird, muß man für dieses Element außer der Oxinfällung noch eine Ammoniakfällung vorsehen. Es empfiehlt sich, zuerst die Ammoniakfällung, also vor der Oxinfällung, durchzuführen. Auch die Ammoniakfällung wird in Salzsäure gelöst, wobei die Lösungen beider Fällungen miteinander vereinigt werden. Dies ist schon deswegen notwendig, weil die Ammoniakfällung stets wechselnde Teilmengen Vanadin und Molybdän enthält. Es erwies sich aber als unmöglich, auch die hier in Rede stehenden geringen Gehalte an diesen Elementen mit Ammoniak allein zur Abscheidung zu bringen.

Der in Wasser unlösliche Rückstand des Aufschlusses enthält quantitativ die Metalle Kupfer, Titan, Zirkon und Seltene Erden. In geringeren Mengen vorhandenes Blei bleibt praktisch vollständig ebenfalls in dieser Gruppe, während Zink zu einem merkbaren Prozentsatz in die wäßrige Lösung übergeht. Zur Spektrographie der in dem Rückstand enthaltenen Metalle wird dieser Niederschlag kurz mit heißem Wasser ausgewaschen und ebenfalls in 1 : 1 verdünnter Salzsäure gelöst. Auch diese Lösung wird vorsichtig eingedampft und anschließend auf ein definiertes Volumen, z. B. 10 ccm, aufgefüllt und verfunkt.

Das hier geschilderte Analysenverfahren nimmt auf etwa vorhandene Kieselsäure keine Rücksicht. Dies ist nach unseren Erfahrungen zulässig bei allen Proben, die weniger als ca. 50 % SiO_2 enthalten. Bei richtigem Arbeiten bleibt die Kieselsäure in Lösung und stört die Filtrierbarkeit der Oxinfällung nicht. Falls eine Ammoniakfällung erforderlich ist, kann es sich auch bei geringeren SiO_2-Gehalten empfehlen, diese vorher abzuscheiden. Für kieselsäurereiche Proben wurde nach folgender Vorschrift gearbeitet:

Die Einwaage wird mit Flußsäure in einer Platinschale abgeraucht. Bei 1 g Einwaage genügt einmaliges Abrauchen mit 20 ccm Flußsäure unter Zusatz von 1—2 ccm konz. Schwefelsäure. Der Rückstand wird bis zum Auftreten weißer Nebel erhitzt. Nach Abkühlung wird er unter Anwendung von Wasser quantitativ in einen Silbertiegel übergespült. Das Wasser wird verdampft; zum Schluß wird der Rückstand bei 110° getrocknet.

Sodann wird in der vorher beschriebenen Weise mit Natriumhydroxyd mit oder ohne Salpeterzusatz aufgeschlossen. Bei sehr kohlenstoffreichen Proben wurde nach dem Abrauchen mit Flußsäure soweit erhitzt, bis der Kohlenstoff fast ganz verbrannt war, wobei allerdings Temperaturen von ca. 500° keinesfalls überschritten wurden. Es wurde festgestellt, daß unter Einhaltung dieser Bedingungen ein Verlust der zu bestimmenden seltenen Metalle nicht eintrat.

Die hier empfohlene Anwendung von Silbertiegeln hat den Vorteil, daß mit Ausnahme von Silber keinerlei Verunreinigungen, insbesondere auch keine der zu bestimmenden Spurenmetalle, eingeschleppt werden. Bei Eisentiegeln ist man vor Verunreinigungen durch Mangan und Vanadin nie vollkommen sicher, da die Zusammensetzung dieser Tiegel auch innerhalb der gleichen Lieferung etwas schwankt. Alsint- oder Tonerdetiegel wären zwar auch verwendbar; außer großen Mengen Aluminium schleppt man hierdurch aber fast stets nicht unbeträchtliche Mengen Gallium und Zirkon ein.

Die hier beschriebene Analysenmethode stellt die konsequente Weiterentwicklung der seinerzeit von Schneiderhöhn und Moritz angegebenen Untersuchungsmethoden dar. Verfasser verwendet sie seit 1937. Eine kurze Darstellung wurde 1939 gegeben.

4. Herstellung der Spektrogramme

Die spektrographische Untersuchung der auf die eine oder andere Weise erhaltenen Lösungen geschah im vorliegenden Falle folgendermaßen:

Die Lösungen wurden stets auf ungereinigte Spezialelektroden (Planiakohle) gegeben. Diese von der Firma Zeiß bezogenen Kohlen von 8 mm ⌀ besaßen eine Bohrung von 5 mm ⌀ und ca. 6 mm Tiefe. Mittels einer feinen Pipette wurde diese Bohrung stets völlig gefüllt. Die obere Elektrode bestand aus derselben Kohlensorte, besaß aber statt der Bohrung eine Spitze. Es erwies sich als zweckmäßig, die Elektroden mit ultraviolettem Licht während der Aufnahme zu bestrahlen, wie dies für die Spektrographie metallischer Proben üblich ist. Zuletzt wurde statt der Bestrahlung die von Kayser und Mitarbeitern empfohlene Lockspitze mit bestem Erfolg angewendet. Zur Aufnahme der Spektren diente ein Zeiß-Spektrograph Q 24 bzw. ein Gerät von Fuess (Type 110 C). Da durch das hier geschilderte Vorbehandlungsverfahren Eisen und Vanadin getrennt werden, würde auch ein kleinerer Spektrograph ausreichen. Die Funkenanregung erfolgte mittels des Funkenerzeugers nach Scheibe unter Anwendung von ca. 9000 cm Kapazität bei mittlerer Selbstinduktion. Speziell für die Bestimmung von Vanadin und Molybdän erwies es sich als zweckmäßig, die Kapazität noch wesentlich zu erhöhen (20000cm). Die Überwachung der Entladungsbedingungen mittels eines Taumelspiegels oder einer von Hand entsprechend bewegten Glasplatte, in der das Funkenbild stroboskopisch verfolgt werden kann, erwies sich als sehr zweckmäßig. Zur Entwicklung wurden die Spektralplatten (Perutz-Silber-Eosin oder Agfa blau extrahart) mit Rodinal 1 : 20 genau 5 Minuten lang behandelt.

5. Zur Auswertung wurden folgende Spektrallinien verwendet:

Tabelle 22

Au	26 76,0	Ni	34 14,8
	24 28,0		30 57,6
Ba	49 34,1		30 50,8
	26 47,3	Pb	28 73,3
	26 34,8		28 33,1
Cr	42 74,8	Sr	42 15,5
	42 54,3		40 77,7
	28 35,6	Ti	33 49,0
Cu	32 47,0		31 68,5
	32 74,0		31 62,6
Ga	29 43,6	V	31 18,4
	40 33,1		31 10,7
La	33 37,5		31 02,3
	32 49,4		29 24,0
	32 45,1	Y	36 00,7
Mn	25 93,7		41 77,5
	25 76,1	Zn	33 45,0
Mo	31 22,0		33 03,0
	29 23,4	Zr	32 73,0
	28 48,2		33 06,3
	28 16,1		33 92,0

6. Quantitative Bestimmung der Metallgehalte

Die quantitative Auswertung der Aufnahmen erfolgt mit Hilfe eines Spektrenprojektors der Firma Zeiß. Hierbei wurden auf weiße Pappstreifen die Lage der wichtigsten Linien der Kohle sowie die in Betracht kommenden Analysenlinien aufgezeichnet. Durch einfaches Verschieben der Streifen und Anpassen an die vorhandenen Kalzium- und Magnesiumlinien der Kohle gelingt es sehr schnell, die erforderlichen Übersichtsergebnisse zu erhalten. Man könnte naturgemäß auch an Hand z. B. der Gössler'schen Tafeln die Auswertung vornehmen; andererseits ist aber in den Spektren der Oxinfällung nie genügend Eisen enthalten, um mehr als die allerstärksten Eisenlinien sichtbar werden zu lassen; auch sind die Tafeln für den praktischen Gebrauch etwas kurz. Die von uns verwendeten Streifen von fast 50 cm Länge erwiesen sich als handlicher.

Zur quantitativen Auswertung wurden die in Frage kommenden Linien mit einem Tuschepunkt gekennzeichnet und sodann auf dem Spektrallinienphotometer ausgemessen. Dabei wurde stets die maximale Schwärzung der Linien und die Schwärzung des Untergrundes direkt neben der Linie ermittelt. Diese Werte wurden auch aus den Aufnahmen der Vergleichslösung gewonnen. Durch Bildung der Quotienten ist es möglich, eine für die vorliegenden Zwecke ausreichende Kompensation der Untergrundschwärzung herbeizuführen. Es wurden dann auf einfach-logarithmischem Millimeterpapier Eichkurven konstruiert, mit deren Hilfe die quantitativen Bestimmungen durchgeführt wurden. Dadurch, daß die Vergleichslösung auf jeder Spektralplatte von neuem in verschiedenen Konzentrationsbereichen aufgenommen wurde, wurde auch der Einfluß etwa wechselnder Empfindlichkeit des Plattenmaterials ausgeschaltet. Wenn man nur die maximalen Schwärzungen der Analysenlinien selbst zur Aufstellung von Eichkurven ermittelt, erhält man erhebliche Fehler, da die Untergrundschwärzung bei Eichlösungen und Analysenlösungen oft recht verschieden ist. Eine so weitgehende Kompensation der Untergrundschwärzung, wie sie Kayser (1941) in seiner Arbeit angegeben hat, hat sich dagegen als unnötig erwiesen. Eine gewisse Steigerung der Genauigkeit bringt folgende Abänderung des Verfahrens:

Man setzt den Analysen- und Vergleichslösungen gleiche Mengen eines in beiden Lösungen an sich nicht enthaltenen Elementes in solcher Menge zu, daß das Spektrum dieses Stoffes recht deutlich wird, ohne aber die anderen Linien völlig zu überdecken. Dieser Zusatzstoff muß natürlich von beachtlicher chemischer Reinheit sein und überdies im gesamten Spektralbereich gut meßbare Linien geben. Zur quantitativen Ausmessung wird nun jeweils nicht nur die maximale Schwärzung der Analysenlinie, sondern auch die einer benachbarten Linie des Zusatzstoffes gemessen. Die aus diesen Werten ermittelten Quotienten dienen dann zur Aufstellung der Eichkurve. Es ist also im wesentlichen eine dem spektralanalytischen Metallanalysenverfahren analoge Auswertungsmethode. Diese hat sich nach unseren Erfahrungen besonders gut bei der Bestimmung höherer Gehalte — etwa zwischen 0,5 und 1% — bewährt. In Sonderfällen war es möglich, auch bestimmte Metalle (z. B. Zink) in Gehalten bis zu 5% auf diese Weise mit befriedigender Genauigkeit zu bestimmen. Als Zusatzstoff haben wir vielfach Yttriumoxyd oder Lanthanoxyd wegen gerade für diese Zwecke recht günstigen Spektrums verwendet. Zirkon, Silber, Blei und Kupfer können in manchen Fällen ebenfalls gute Dienste erweisen, schieden hier aber aus, weil gerade diese Metalle analytisch mit bestimmt werden sollten.

Sehr sorgfältig wurde die Frage des zu verwendenden Elektrodenmaterials geprüft. Die üblichen Planiakohlen sind keinesfalls als sehr rein zu bezeichnen. Andererseits konnten wir feststellen, daß bei Funkenanregung nur sehr wenig störende Linien zu berücksichtigen sind. Selbst der Kupfergehalt der Kohle ist noch so gering, daß er die Bestimmung des um 1—2 Größenordnungen höheren Kupfergehaltes in den hier vorliegenden Proben nicht weiter beeinflußte. Auch erschien es uns grundsätzlich wichtiger, möglichst viel Bestimmungen mittlerer Genauigkeit zu erhalten, als einige wenige Präzisionsbestimmungen, da hier die analytische Methodik lediglich als Mittel zur Gewinnung geochemischer Erkenntnisse benötigt wurde. Höchstgereinigte Spektralkohlen der Firma Ruhstrat waren daher für Funkenaufnahmen nicht erforderlich, wohl aber für die ebenfalls durchgeführten Lichtbogenaufnahmen, besonders zur Klärung der Verteilung der Edelmetalle, da in den ungereinigten Planiakohlen im Bogenspektrum stets Silber- und oft Goldlinien auftreten. An Stelle der Ruhstrat-Kohlen können auch gereinigte Planiakohlen verwendet werden. Als Reinigungsverfahren hat sich bei uns am besten die von Moritz angegebene Methode des Ausglühens im starken Lichtbogen bewährt. Wir glühten die Kohlen 20 Sekunden lang in einem mit 60—100 A brennenden Dauerlichtbogen. Von einer Wiederverwendung gebrauchter Kohlen haben wir stets Abstand genommen. Die Imprägnation insbesondere der unteren Spektralkohle mit Lösungsmittel ist doch so weitgehend, daß eine Entfernung der letzten Metallreste manchmal mißlingt. Dagegen ist es gut möglich, gebrauchte Kohle für nebensächlichere analytische Zwecke (Tastversuche und Übungsanalysen) nach Reinigung zu verwenden.

7. Photometrisch-chemische Analysenverfahren

Über die wichtigsten bei der vorliegenden Untersuchung angewendeten Analysenverfahren soll nur eine kurze Übersicht gegeben werden. Verschiedentlich durchgeführte gewichtsanalytische Untersuchungen wurden nach den Schiedsmethoden der Gesellschaft Metall und Erz, bzw. nach im Handbuch für das Eisenhüttenlaboratorium angegebenen Methoden ausgeführt. Die Bestimmung von Chrom, Vanadin und Molybdän erfolgt am besten durch potentiometrische Titration. Vanadin allein ließ sich im vorliegenden Falle auch sehr gut durch Titration mit Ferrosulfat unter Verwendung von Ferroin schnell und zuverlässig durchführen. Im allgemeinen erwiesen sich diese Verfahren als zu zeitraubend.

Besonders bewährt haben sich für einige Metalle photometrische Bestimmungsmethoden, die in ähnlich kurzer Zeit wie die Spektralanalyse zu Ergebnissen führen. Es handelt sich vor allem um die Elemente Chrom, Vanadin, Molybdän, Kupfer und Titan, die so bestimmt werden können. Der Aufschluß erfolgt in diesem Falle mit Natriumperoxyd im Eisen- oder Alsinttiegel. Dies Verfahren hat den Vorteil, daß das Auflösen der Schmelze in Wasser sehr viel schneller erfolgt. Um vollständige Hydrolyse des Titans zu erreichen, soll zur Auflösung der Schmelze im Wasser unbedingt erwärmt werden. Die Aufschlußlösung wird filtriert, wie üblich ausgewaschen und auf ein definiertes Volumen aufgefüllt. Von der alkalischen Lösung werden aliquote Teile für die einzelnen Bestimmungen entnommen. Chrom wurde nur bestimmt, wenn die Lösung merklich gelb gefärbt war, wobei die alkalische Lösung direkt photometriert wurde. In einem mit Salzsäure angesäuerten Teil wird Molybdän mittels Zinnchlorür und Ammonrhodanid bestimmt. Vanadin stört bei den hier vorliegenden Konzentrationsverhältnissen nicht. Wichtig ist allerdings, daß die Messung der angefärbten Lösung stets nach der gleichen Zeit (10 Minuten) erfolgt. Zur Vanadinbestimmung wird ein Teil mit Schwefelphosphorsäure angesäuert und mit Wasserstoffsuperoxyd angefärbt. Diese Reaktion wird hier ebenfalls nicht durch Molybdän gestört.

Der in Wasser unlösliche Teil des Aufschlusses wird mittels warmer 1 : 1 verdünnter Salzsäure vom Filter gelöst. In der Lösung wird eine doppelte Ammoniakfällung ausgeführt, um Kupfer abzutrennen. Das Filtrat der Ammoniakfällung wird entweder direkt photometriert (bei deutlicher Blaufärbung), andernfalls wird Kupfer mittels Kaliferrozyanid bestimmt. Die Ammoniakfällung wird in verdünnter Schwefelsäure gelöst und nach Auffüllung auf ein definiertes Volumen zur Titanbestimmung mit Wasserstoffsuperoxyd versetzt. Bei sehr eisenreichen Proben kann hierbei Phosphorsäure zur Entfärbung des Eisens zugesetzt werden. Dann muß allerdings die Eichkurve mit den gleichen Phosphorsäuremengen aufgestellt werden.

Als Photometer diente entweder ein Universalphotometer nach Dr. Lange oder das Instrument der Firma Kauhausen nach Dr. Havemann. In beiden Fällen wurden zur Erzielung schnellen Arbeitens sogenannte Durchflußküvetten verwendet. Genauere

Angaben für alle hier erwähnten photometrischen Verfahren finden sich in dem zusammenfassenden Werk von Dr. LANGE.

Im allgemeinen haben wir überall dort, wo mehrere Metalle zu bestimmen waren, den spektrographischen Methoden den Vorzug gegeben. In denjenigen Fällen, bei denen es nur auf die Bestimmung des einen oder anderen Elementes ankam, wie z. B. bei den Versuchen zur Gewinnung von Vanadin und Molybdän aus bestimmten Kieselschiefern, wurden die erforderlichen Analysen titrimetrisch bzw. photometrisch ausgeführt. Nach den von uns durchgeführten Modellversuchen und Kontrollanalysen ist die Genauigkeit der spektralanalytischen und photometrischen Verfahren ungefähr gleich hoch und erreicht $\pm$ 5—10%. Bei sehr geringen Gehalten (unter 100 g/t) ist die Genauigkeit der Spektralanalyse jedenfalls höher.

Die bei diesbezüglichen Versuchen erhaltenen Ergebnisse zeigten, daß die Genauigkeit und Zuverlässigkeit der gewichtsanalytischen Methoden bei derart geringen Gehalten tiefer liegt als die der anderen Analysenverfahren, was bei höheren Gehalten natürlich nicht zutrifft. Es erscheint aber nicht überflüssig, darauf hinzuweisen, daß es natürlich eine optimale Universalmethode, die in allen Fällen die besten Resultate liefert, nicht gibt. Es muß von Fall zu Fall entschieden werden, welches der hier aufgeführten Bestimmungsverfahren die besten Ergebnisse liefert.

II. Versuche zur Gewinnung von Vanadin und Molybdän

1. Einleitung

Da Vanadin und Molybdän aus dem Schiefer aufbereitungstechnisch nicht gewinnbar sind, sollte versucht werden, sie durch ein chemisch-metallurgisches Verfahren zu Gute zu machen. Die Gehalte an diesen beiden Metallen sind so gering, daß die üblichen Verhüttungsverfahren hier keinesfalls in Betracht kommen.

Versuche wurden mit frischem, kohlenstoffhaltigem Schiefer von Rückersdorf (Kiesgrube E. BOCK) und mit oxydiertem Material vom gleichen Fundort durchgeführt. Die chemische Zusammensetzung gibt die folgende Tabelle:

Alaun- und Kieselschiefer-Probe	mit Kohlenstoff	oxyd. Schiefer
C	10,2 %	—
SiO_2	83,5 %	80,4 %
Fe_2O_3	2,9 %	1,2 %
Al_2O_3	2,3 %	5,5 %
CaO + MgO	n. b.	n. b.
TiO_2	5000 g/t	1400 g/t
V	800 g/t	1500 g/t
Mo	200 g/t	200 g/t
Mn	20 g/t	20 g/t
Cu	10 g/t	10 g/t
Ni	50 g/t	50 g/t
Co	20 g/t	20 g/t

Wegen der geringen Metallgehalte scheiden Schmelzprozesse zur Vanadingewinnung von vornherein aus. In Frage kommen nur Laugungsverfahren, bei denen Vanadin und Molybdän chlorierend verflüchtigt werden. Es sei aber erwähnt, daß durch Schmelzen des Schiefers mit Na_2S oder Na_2SO_4 + Kohle und anschließende Laugung mit Wasser die gesuchten Metalle sehr gut löslich werden.

2. Laugungsversuche

Da die Bindungsform von Vanadin und Molybdän nicht mit Sicherheit bekannt ist, mußte ein möglichst großer Kreis von Lösungsmitteln in die Untersuchungen einbezogen werden. Dabei war ein besonders hohes Ausbringen zunächst nicht anzustreben; es sollte nur annähernd festgestellt werden, welche Lösungsmittel vielleicht brauchbar sind und welche ganz ausgeschieden werden müssen.

Für die ersten Versuche wurde frisches und bei 700° geröstetes, kohlenstoffhaltiges Material verwendet. Dabei wurden stets 10 g Einwaage mit 250 ccm der meist 5% des Lösungsmittels enthaltenden Flüssigkeit 1 Stunde unter Rückflußkühlung gelinde gekocht. Das Ergebnis der Versuchsreihen gibt die folgende Tabelle:

Lösungsmittel	Ausbringen in %			
	oxyd. Schiefer		kohl. Schiefer	
	V	Mo	V	Mo
5 g Na_2CO_3 in 100 ccm H_2O . .	—	—	—	—
5 g $NaHSO_3$ + 100 ccm H_2O . .	—	—	—	—
2 g Na_2S in 100 ccm H_2O . . .	50	30	50	n. b.
2 g Na_2S + 0,5 g S in 100 ccm H_2O	40	40	40	n. b.
5 g NaOH in 100 ccm H_2O . . .	25	n. b.	25	n. b.
2 g MnO_2 + 100 ccm HCl 20 % .	85	25	90	50
5 g NaCl + 250 ccm H_2SO_4 15 %	20	25	20	25
100 ccm HCl + Cl	50	n. b.	50	n. b.

Zu dieser Tabelle ist folgendes zu bemerken:

Die sulfidierenden Lösungsmittel zeigten nicht immer gleich gute Lösungsfähigkeit. Zudem war es schon bei den geringen Flüssigkeitsmengen schwierig, das Vanadin- und Molybdänsulfid quantitativ abzuscheiden. Meist traten sehr hohe Verluste durch kolloidchemische Effekte auf. In der Praxis würden diese Schwierigkeiten sehr schwer zu überwinden sein, zumal hier mit einfachem Elektrolytzusatz ein Ausflocken nicht zu erreichen ist.

Die Laugungen mit Salzsäure und mit Lösungen, die freies Chlor entwickeln, hatten bessere Ergebnisse. Der Versuch, den Schiefer mit einer Chlorkalk-Schwefelsäure-Lösung zu laugen, deren Zusammensetzung der Lauge des Plattnerschen Goldchlorierungsprozesses entsprach, führte zu keinem Erfolg. Die Lauge enthielt nur 2% freie Säure. Die gebildeten Vanadinchloride hydrolysierten dabei zu unlöslicher Vanadinsäure. Erst bei Erhöhung der Säurekonzentration und Anwendung von Salzsäure gelang es, nennenswerte Mengen Vanadin auch ohne wesentliche Erwärmung in Lösung zu bringen.

Zur Gruppe der Laugungsverfahren gehörten auch Versuche zur Heißextraktion der Schiefer mit überhitzten Salzsäuredämpfen. Dabei wurden auf 300° überhitzte Dämpfe von wäßriger Salzsäure 1/2 Stunde lang über den Schiefer geleitet und danach kondensiert. Die Destillate wurden untersucht, auch wurden die Rückstände mit Wasser ausgekocht, filtriert und ebenfalls untersucht.

	Anteil des vorhandenen Vanadins	
	im Destillat	im Wasserauszug
	%	%
5 g oxyd. Schiefer	10	20
5 g kohlehalt. Schiefer . .	20	15

Ferner wurde noch ein Versuch zur Laugung des Schiefers mit Salzsäure unternommen, bei dem der Schiefer vorher mit Kochsalz bei etwa 600° gesintert worden war. Da bei dieser Sinterung Vanadin in beträchtlicher Menge flüchtig ist, bleibt im Laugegut nur ein Bruchteil (etwa 50 % der ursprünglich vorhandenen Menge). Dieser Teil ist aber gut gewinnbar (80 %). Das Verfahren erscheint aber deswegen ohne Bedeutung, weil es dann zweckmäßiger ist, bei etwas höherer Temperatur eine Verflüchtigung des gesamten Vanadins anzustreben; über die Versuche wird weiter unten ausführlicher berichtet werden.

Ferner wurde untersucht, ob zwischen geglühtem und ungeglühtem, kohlenstoffreiem Schiefer Unterschiede in der Löslichkeit des Vanadins bestehen. Eine besondere Löslichkeit im geglühten Schiefer ist feststellbar; besonders günstig wirkt sich die thermische Vorbehandlung bei der Laugung mit Natronlauge aus.

Lösung mit:	oxydischer Schiefer, Ausbringen	
	ungeglüht	geglüht (700°)
	%	%
5 % HCl	25	30
2 % NaOH	30	50
1 g Chlorkalk und 10 % H_2SO_4	20	20

Recht günstige Ergebnisse wurden bei der Behandlung des geglühten Schiefers mit Natronlauge unter Druck bei ca. 110—150° erzielt. Die technische Durchführung des Prozesses würde aber zweifellos recht kostspielig werden.

3. Versuche zur chlorierenden Verflüchtigung

Der hohe Kieselsäuregehalt des Rohmaterials ließ es aussichtsreich erscheinen, ohne Anwendung von Chlorgas, nur durch Chloridzusatz zur Beschickung, eine Verflüchtigung der gesuchten Metalle zu erreichen. Bei höheren Temperaturen nimmt Quarz ausgesprochen saure Eigenschaften an und ist dadurch befähigt, z. B. aus Kochsalz Chlor bzw. Salzsäuregas in Freiheit zu setzen. Die Reaktion setzt unter dem Schmelzpunkt ein. Diese Wirkung der Kieselsäure ist an sich bekannt. Es blieb zu untersuchen, ob sich diese Reaktion hier anwenden läßt, bei welchen Temperaturen sie einsetzt und wieviel von den Stahlveredlern dabei verflüchtigt wird.

Die für diese Untersuchungen verwendete Apparatur bestand aus einem Quarzrohr, das in einem elektrischen Röhrenofen lag. In dem Rohr befand sich in einem Schiffchen jeweils 5 g Schiefer, gemischt mit 2 g Kochsalz. Die übergehenden Sublimationsprodukte wurden in einer einfachen Kondensationsapparatur größtenteils zurückgehalten. Quantitativ konnten sie nicht aufgefangen werden, was hier auch nicht erforderlich war. Während des Versuches wurde ein langsamer Luftstrom durch das Rohr geleitet. Die Versuchsdauer betrug stets 1 Stunde, die Anheizzeit von etwa 10—20 Minuten nicht gerechnet (Abb. 9).

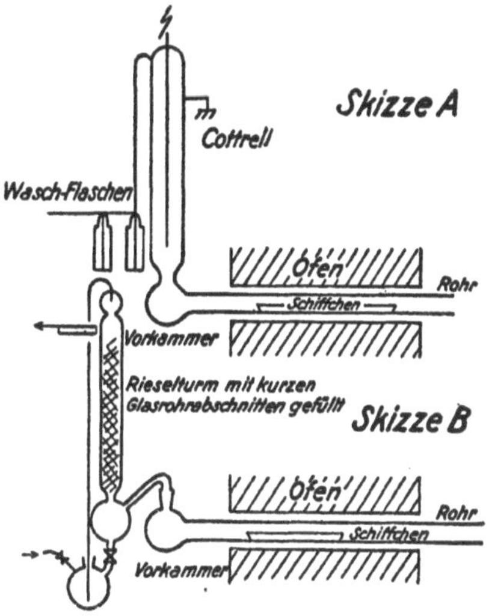

Zuerst wurde der kohlenstoffreie Schiefer untersucht. Dabei wurde der Rückstand erst mit Wasser ausgekocht, bevor er analysiert wurde, um festzustellen, wieviel Vanadin und Molybdän bei dieser chlorierenden Röstung in wasserlösliche Form übergeführt wurden. Da dieser Anteil stets gering blieb, wurde bei der zweiten Versuchsreihe am kohlenstoffhaltigen Schiefer auf seine Ermittlung verzichtet. Daß der im Rückstand verbleibende Rest Vanadium nahezu quantitativ in verdünnter Salzsäure löslich ist, wurde schon erwähnt. Die Ergebnisse dieser Versuche sind in den Diagrammen (Abb. 10—12) zusammengestellt. Danach ergibt sich, daß aus dem oxydierenden Schiefer schon unter 900° 90 % des vorhandenen Vanadiums verflüchtigt werden.

Zu der chlorierenden Röstung sei noch bemerkt, daß der Kochsalzzusatz an sich nicht kritisch ist; wichtiger ist gute Durchmischung des Röstgutes. So wurden Einwaagen von 10 g ebenfalls, bei gleichem Ausbringen, mit 2 g NaCl chloriert.

Die sich bei der chlorierenden Röstung abspielenden Reaktionen sind in ihrer Gesamtheit exotherm; die Temperaturen stiegen im Ofen bei ausgeschaltetem Strom noch längere Zeit an.

Ein nicht unbeträchtlicher Vorteil der Chlorierung mit Kochsalz liegt darin, daß die abziehenden Röstgase chemisch nicht sonderlich aggressiv sind, im Gegensatz zur Verflüchtigung mit Chlorgas. Dagegen dürften die Abgase bei der Anwendung von Chlorgas leichter kondensierbar sein.

Es sei hier bemerkt, daß alle Verfahren schließlich eine Vanadinsäure ergeben, die mit Molybdäntrioxyd versetzt ist.

Wegen der hohen Bildungswärme von Natriumchlorid sind die zur Chlorierung mit diesem Stoff erforderlichen Temperaturen ziemlich hoch. Um den Reaktionsverlauf genauer zu untersuchen, wurden Mischungen von reinem Quarzsand mit Kochsalz (20 %) ohne Schieferzugabe im elektrischen Röhrenofen unter Überleiten von Luft bei verschiedenen

Temperaturen 1 Stunde lang behandelt. Dabei wurde in allen Fällen die Strömungsgeschwindigkeit der Luft konstant gehalten. Nach dem Versuch wurde analytisch die Abgabe von Chlor ermittelt. Die Ergebnisse gibt die folgende Tabelle:

T	g Cl	Cl-Ausgabe in %
Ausgangsmischung	0,607	—
400°	0,560	7,8
600°	0,527	13,4
800°	0,504	17,1
1000°	0,475	22,0

Bei der gleichartigen Behandlung von je 5 g Quarzsand mit 1 g NaCl und 0,5 g Kohlepulver wurden folgende Ergebnisse erhalten:

T	g Cl	Cl-Abgabe in %
Ausgangsmischung	0,607	—
400°	0,607	—
600°	0,610	—
800°	0,583	4,5
1000°	0,441	27,3

Da Versuche mit Schiefer ergeben hatten, daß die Zumischung von Natriumsulfat zur Erz-Kochsalz-Mischung günstigere Ergebnisse gibt, wurde auch hierzu eine entsprechende Versuchsreihe durchgeführt.

Ansatz: 5 g Quarzsand + 1 g NaCl + 0,5 gNa_2S_4.

T	g Cl	Cl-Abgabe in %
Ausgang	0,607	—
600°	0,599	1,5
800°	0,501	17,5
1000°	0,449	26,2

Vorversuche hatten ergeben, daß die Chlorabgabe offenbar durch geringe Schwermetallspuren katalysiert werden kann. Folgende Versuchsreihe bestätigte diese Annahme: Je 5 g Quarzsand wurden mit 1 g NaCl und 0,005 g MnO_2 vermischt und anschließend wie bisher behandelt.

T	g Cl	Cl-Abgabe in %
Ausgang	0,607	—
800°	0,535	11,8
800°	0,546	10,5
1000°	0,080	86,6
1000°	0,085	85,0

Wie die Tabelle zeigt, sind die erhaltenen Werte gut reproduzierbar. Die Wirkung des Katalysators setzt erst bei Temperaturen über 800° ein, bewirkt aber dann eine sehr erhebliche Steigerung der Reaktionsgeschwindigkeit. Erwähnt sei, daß bei mehrstündigem Verweilen im Ofen auch ohne Katalysator ähnliche Ergebnisse erhalten werden.

Um die Wirkung eines Chlorides mit niedrigerer Bildungswärme zu untersuchen, wurde eine gleichartige Versuchsreihe mit 1 g Kalziumchlorid zu 5 g Quarzsand durchgeführt.

T	g Cl	Cl-Abgabe in %
Ausgang	0,642	—
600°	0,365	43,0
800°	0,025	96,1
800°	0,023	96,5
1000°	0,012	98,1

Auf eine erschöpfende physikalisch-chemische Untersuchung dieser Vorgänge muß hier verzichtet werden. Es handelt sich um sehr komplizierte Systeme, bei denen mindestens folgende Reaktionspartner auftreten: Natriumsilikat, Natriumchlorid (fest und als Dampf), Chlor, Chlorwasserstoff, Siliziumtetrachlorid, z. T. auch Phosgen. Bemerkt sei, daß es keinen Zweck hatte, die Versuchstemperatur über 1000° zu steigern, da dann durch Verdampfung des Kochsalzes störende Effekte auftraten.

Um die Chlorierung des Schiefers mit Kalziumchlorid näher zu untersuchen, wurden einige Versuche angestellt, deren Ergebnis die folgende Tabelle gibt:

1. Je 5 g kohlefreier Schiefer mit 0,12 % V wurden mit 1 g $CaCl_2$ gemischt und 1 Stunde geröstet:

T	% V im Rückstand	Ausbringen %
600°	0,12	14
800°	0,08	23
1000°	0,05	55

2. desgleichen, aber unter Verwendung von Schiefern mit 0,15 % V und 10 % C:

T	% V im Rückstand	Ausbringen %
600°	0,1	33
800°	0,045	70
1000°	0,035	77

4. Versuche mit gasförmigen Chlorierungsmitteln

a) mit elementarem Chlor

Da das Ausbringen der Röstung unter Zusatz fester Chloride nicht völlig befriedigte und überdies die Niederschlagung der abziehenden Gase und Dämpfe gewisse Schwierigkeiten bereitete, wurde die Chlorierung mit gasförmigen Stoffen näher untersucht.

Es wurden jeweils 5 g Schiefer 1 Stunde lang dem Chlorstrom ausgesetzt. — Bemerkt sei, daß bei 800° und 1000° die Reaktion schon nach 20 Minuten praktisch völlig beendet war. Nach dem Versuch enthielten die Rückstände noch folgende Metallmengen:

1. Schiefer mit 10 % Kohlenstoff:

	im Rückstand %			Ausbringen %		
	Fe	Ti	V	V	Ti	Fe
Ausgang	1,05	0,28	1,5	13	—	—
420°	0,68	0,28	0,13	13	—	35
600°	0,35	0,13	0,08	47	57	67
800°	0,13	0,032	0,062	87	88	87
1000°	0,13	0,018	0,001	93	89	87

2. Kohlefreier Schiefer:

	im Rückstand %			Ausbringen %		
	Fe	Ti	V	V	Ti	Fe
Ausgang	0,39	0,09	0,13	—	—	—
250°	0,37	0,09	0,13	0	0	5
400°	0,35	0,09	0,08	38	0	10
600°	0,25	0,09	0,03	77	0	36
800°	0,16	0,08	0,02	85	11	59
1000°	0,09	0,04	0,01	92	55	77

Unter Ausbringen ist hier die verflüchtigte Vanadinmenge zu verstehen; bei den kleinen Einwaagen wurden keine Versuche zur Gewinnung der verflüchtigten Chloride gemacht (Abb. 10 u. 11).

b) Chlorierung mit Chlorwasserstoffgas

Während bei der Verwendung von elementarem Chlor meist reine Chloride entstehen, bilden sich bei Anwendung von Chlorwasserstoff vielfach Oxychloride. Bis auf Molybdän- und Vanadinoxychlorid sind diese schlecht oder gar nicht flüchtig oder zerfallen sogleich weiter zu nicht flüchtigen Oxyden. Es war also zu erwarten, daß ein Teil der unerwünschten Begleitelemente nicht mit verflüchtigt würde. Tatsächlich gelang es, die Verflüchtigung von

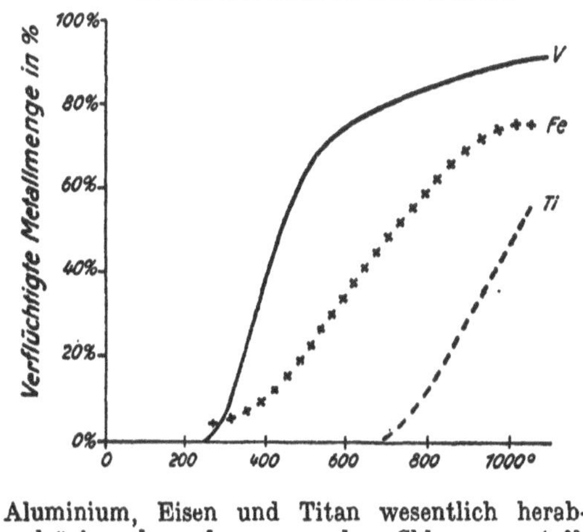

Aluminium, Eisen und Titan wesentlich herabzudrücken, besonders, wenn dem Chlorwasserstoffstrom etwas Luft beigemischt wurde (Abb. 12).

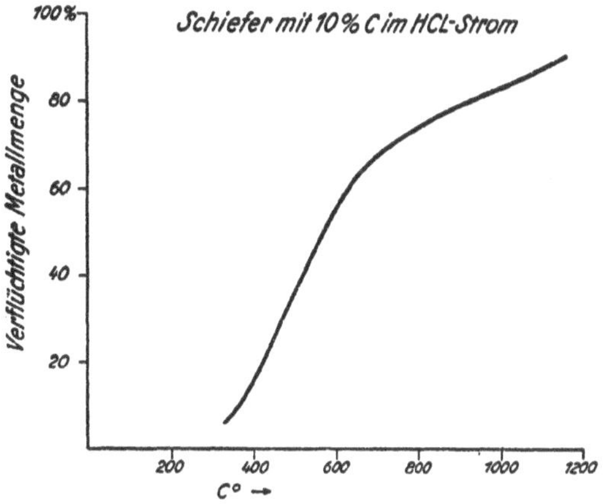

Über die erforderliche Reaktionstemperatur gibt die folgende Tabelle Auskunft.

Vorlaufen: Schiefer mit 10% C und 0,15% V. Es wurden je 5 g Schiefer im Röhrenofen unter Überleiten von trockenem Chlorwasserstoffgas behandelt. Der Chlorwasserstoff wurde durch Umsetzung von konzentrierter Salzsäure mit konzentrierter Schwefelsäure gewonnen.

T	% V im Rückstand	Ausbringen V (%)
400°	0,12	17
700°	0,046	73
800°	0,038	75
1000°	0,024	84
1150°	0,013	92

Zur Gewinnung der verflüchtigten Chloride wurden Versuche angestellt, bei denen größere Schiefermengen chloriert wurden.

Waschflaschen, auch solche mit Jenaer Glasfrittenplatten, ergaben keine befriedigende Adsorption. Dagegen gelang es, mit einer ca. 50 cm hohen Adsorptionskolonne aus Glasrohr von 25 mm Durchmesser eine völlige Adsorption zu erzielen. Die Kolonne war mit Glasrohrstückchen gefüllt. Durch einen Tropftrichter konnte das Wasser oder die verdünnte Salzsäure den abziehenden Gasen entgegengeführt werden. Die ablaufende Säure wurde in einer Vorlage gesammelt und von dort durch eine kleine Injektorpumpe aus Glas wieder zu dem Scheidetrichter am Kopf der Kolonne zurückbefördert.

Nachdem sich der chargenweise Betrieb bewährt hatte, wurde ein kleiner, elektrisch beheizter Drehrohrofen gebaut, der stündlich 1 kg Material durchzusetzen gestattete. Auch bei diesem Ofen wurde die oben beschriebene Adsorptionsapparatur verwendet. Der Ofen selbst bestand aus einem Porzellanrohr mit elektrischer Außenheizung. Das Rohr hatte 80 mm lichten Durchmesser bei 90 cm Länge. Betriebstemperatur war 800—900° in der heißesten Zone; das Ausbringen betrug ca. 80%. Das Material neigte nicht zur Bildung von Ansätzen. Die Ofenköpfe waren aus Eisenblech bzw. Guß hergestellt. Dieses Material bewährte sich durchaus, soweit die Temperaturen oberhalb des Taupunktes gehalten wurden, was unschwer möglich war. Die Aufarbeitung der auf diese Weise erhaltenen Lösungen auf eine rohe, schwach titanhaltige Vanadinsäure mit ca. 10% Molybdäntrioxyd war nach den bekannten

Verfahren, z. B. durch Versetzen mit konzentrierter Schwefelsäure, gut möglich. Das dabei freiwerdende Salzsäuregas konnte zur Chlorierung neuen Schiefers verwendet werden.

Als Waschflüssigkeit wurde hier vorzugsweise das ausreagierte Säuregemisch in der Chlorwasserstoffherstellung verwendet.

Besonders günstig arbeitete die Chlorierung auch im Versuchsdrehrohrofen nicht mit elementarem Chlor, sondern mit Chlorwasserstoffgas unter Zusatz von Luft. Durch diesen Zusatz konnte die Verflüchtigung von Eisen erheblich verringert werden.

Grundsätzlich läßt sich sagen, daß die technische Gewinnung von Vanadin und Molybdän aus einem derart armen Erz mit befriedigendem Ausbringen nicht einfach, aber wohl durchführbar ist.

Zusammenfassung

Die vorliegende Arbeit befaßt sich mit der geochemischen Untersuchung der thüringischen Alaun- und Kieselschiefer des Obersilurs. Es ist bekannt, daß besonders Vanadin und Molybdän in Gesteinen angereichert vorkommen, die unter anaeroben Bedingungen (Sapropel-Fazies) abgelagert wurden. Auch die Kiesel- und Alaunschiefer Thüringens enthalten im allgemeinen ca. 250 g Molybdän, ca. 700 g Vanadium, 30 g Chrom und 60 g Nickel pro Tonne Gestein. Der Goldgehalt beträgt 0,0—0,2 g/t. Auch die Gehalte an Kupfer und Zink, gelegentlich auch Yttrium, Lanthan, Blei und Gallium, wurden analytisch ermittelt. Petrographisch handelt es sich um Quarzgesteine mit wechselndem Gehalt an Tonerde und anderen Oxyden mit Kohle und Eisensulfiden. Durch höheren Gehalt an Tonerde und Pyrit gehen sie lokal in Alaunschiefer über. Letztere überwiegen vor allem in den jüngeren Schichten (Tarannon, Ludlow). Lückenlose Übergänge dieser Gesteinstypen sind vorhanden; in der Führung von Spurenmetallen besteht ebenfalls kein prinzipieller Unterschied. Die Arbeit stützt sich auf ein umfangreiches analytisches Material von über 1000 Einzelanalysen; diese wurden weitgehend unter Verwendung eines für derartige Untersuchungen entwickelten chemisch-spektralanalytischen Analysenverfahrens ausgeführt. Die Untersuchungsmethode wird ausführlich geschildert. Auch die angewandten, rein chemischen Methoden werden angegeben.

Die Untersuchungen erstreckten sich auf einzelne Profile, wobei möglichst Schicht für Schicht getrennt analysiert wurde, und auf sorgfältig gewonnene Durchschnittsmuster über einzelne Aufschlüsse.

Zum Vergleich werden einzelne Analysen von nicht-thüringischen Gesteinen ähnlicher Art und Entstehung, besonders aus der Lausitz, der Tschechoslowakei und Westfalen, mitgeteilt. Auch einige Proben aus faziell ähnlichen Gebieten der Nord- und Ostsee wurden zum Vergleich untersucht.

Untersuchungen über die Herkunft der dispersen Metalle ergeben, daß eine magmatische Ableitung — etwa aus submarinem, gotlandischem Vulkanismus, dessen Existenz im betrachteten Raum zu bezweifeln ist — abgelehnt werden muß, ebenso eine nachträgliche Imprägnierung der Schiefer mit diesen Metallen. Für alle Metalle, auch das Gold, ist syngenetisch-sedimentäre Herkunft anzunehmen. Vanadin und Molybdän sind vor allem biogener Herkunft.

Vergleiche und Überschlagsrechnungen mit entsprechenden Zahlen aus heutigen Meeren ergeben, daß die durchschnittlichen rezenten Gehalte von Meerwasser und Lebewesen zur Ableitung der Metallgehalte durchaus genügen.

Die Untersuchungen über die Bindungsform der Spurenmetalle ergeben, daß Zink, Kupfer und Nickel wohl überwiegend an die Eisensulfide gebunden sind, sei es als isomorphe Beimengungen, sei es als selbständige Mineralien. Gold ist, nach experimentellen Befunden zu urteilen, wohl adsorptiv an die kohligen Substanzen gebunden. Vanadin und Molybdän sind zweifellos biogener Herkunft; die Gehalte an ihnen sind daher abhängig vom primären Kohlenstoffgehalt des Gesteins. Sie liegen aber nicht an Kohle oder Sulfidmineralien gebunden vor. Wahrscheinlich kommt Molybdän feinstdispers als Sulfid vor; Titan ist sicher nur adsorptiv oder isomorph an Tonmineralien gebunden. Für Vanadin sind beide Bindungsformen nebeneinander anzunehmen, wobei je nach den faziellen Verhältnissen bald die sulfidische, bald die oxydische Bindungsform überwiegt. In den untersuchten Profilen verläuft die Kurve des Vanadingehaltes bald mehr parallel der Titankurve, bald gleicht sie der des Molybdäns. Die Nickelwerte verhalten sich vielfach umgekehrt wie die Vanadingehalte. Dabei ist für Nickel ein ähnlicher Bindungswechsel zwischen Eisensulfid und oxydisch-silikatischer Bindung anzunehmen.

Das Verhalten der Spurenmetalle bei der Verwitterung der Gesteine wurde näher untersucht. Es ergab sich, daß eine einfache Entkohlung der Schiefer keine Entfernung von Vanadin und Molybdän bedingt. Erst bei der völligen Verwitterung zu Ackererde werden diese Metalle mobilisiert. Auch saure, sauerstoffreiche Wässer vermögen sie zu lösen. Der Vanadin- und Molybdängehalt mancher Sickerwässer und Quellen ist hierauf zurückzuführen.

Es erschien von Interesse, auch die Frage der Gewinnbarkeit von Vanadin und Molybdän aus diesen Schiefern experimentell zu untersuchen. Mit insgesamt rund 1 kg V und Mo/t ist das Gestein nicht einmal sehr viel ärmer als etwa die zur Zeit abgebauten sulfidischen Molybdänerze. Leider macht die Bindungsform der dispersen Metalle eine Gewinnung durch Aufbereitungsverfahren unmöglich. In Frage kommen nur metallurgische Prozesse. Günstig ist im vorliegenden Falle, daß die Gesteine ganz überwiegend aus chemisch indifferentem Quarz bestehen, also wenig Chemikalien und Lösungsmittel durch Nebenreaktionen verloren gehen. Laugungsverfahren befriedigten nicht. Es ist dagegen möglich, durch chlorierende Verflüchtigung diese Metalle mit gutem Ausbringen (80—90%) aus dem Gestein zu entfernen. Auch wirtschaftlich gesehen dürfte dies Verfahren unter gewissen Voraussetzungen tragbar sein.

Literaturverzeichnis

ARCHANGELSKY, A., & KOPTSCHENOWA: Notiz über die organische Substanz, den Phosphor und das Vanadium in den Sedimenten des Schwarzen Meeres. — Nachr. d. Wiss. Akad. Moskau-Leningrad (1930).

BADER, E.: Vanadin in organogenen Sedimenten. — Zbl. f. Min., A, S. 164—173 (1937).

BROCKAMP, B.: Zur Paläogeographie und Bitumenführung des Posidonienschiefers im deutschen Lias. — Arch. f. Lagerstättenforschg. H. 77, Berlin 1944.

BUBNOFF, S. v.: Einführung in die Erdgeschichte. — **1**, Berlin 1941.

CARSTENS, W. C.: Ein neuer Beitrag zur geochemischen Charakteristik norwegischer Schwefelkieserze. — Forh. Kong. Norsk. Vidensk. Selsk. **16**, 1—4 (1942).

CLARKE, F. W.: Data of Geochemistry. — 5. Aufl. US. Survey Bull. S. 770 (1924).

FERSMAN, A. E.: Geochemische Migration der Elemente. — Halle/Saale 1929/30.

GERLACH, W., & RIEDL, E.: Tabellen zur qualitativen Spektralanalyse. — Leipzig 1936.

GOLDSCHMIDT, V. M.: The principles of distribution of chemic elements in minerals and rocks. — J. Chem. Soc. London **1**, S. 655—673 (1937).

HABER, O., & JAENICKE, F.: Beitrag zur Kenntnis des Rheinwassers. — Z. anorg. allg. Chem. **147**, S. 156 (1925).

HEYER, G.: Zur Geschichte und Geologie der Diadochithöhlen bei Saalfeld (Saale). — Z. prakt. Geol. **47**, S. 165—168 (1939), Halle 1940.

HOHMEISTER, A.: Die Fabrikation des Alauns. — Leipzig 1840.

HUNDT, R., & KREBS, W.: Molybdän im Obersilurischen Alaunschiefer Ost-Thüringens. — Z. prakt. Geol. **46**, S. 111 u. 112 (1938), Halle 1938.

HUNDT, R.: Die Nickelgehalte ostthüringischer Diabase des Obersilurs. — Z. prakt. Geol. **47**, S. 168—169 (1939), Halle 1940 (1940 a).

—: Das mitteldeutsche Graptolithenmeer. — Halle 1940 (1940 b).

—: Der Weinbergbruch bei Hohenleuben, Ostthüringen. — Geol. Heft 1 (1945).

JOST, K.: Zur Geochemie des Vanadiums. — Chem. d. Erde **7**, S. 177—290 (1932).

KALLE, K.: Der Stoffhaushalt des Meeres. Leipzig 1945.

KAYSER: Über verschiedene Verfahren zur Auswertung von Spektren. — Spektrochim. Acta **2**, S. 1—17 (1941).

LEUTWEIN, F.: Über das Vorkommen einiger seltener Elemente in metamorphen Gesteinen des Schwarzwaldes. — Zbl. f. Min., A, S. 123—128 (1939).

—: Geochemie und Vorkommen des Vanadiums. — Ber. Freiberger geol. Ges., S. 73—83 (1941).

LUYKEN, W., & KIRCHBERG, H.: Vanadin in Eisenerzen und sein Verhalten bei der Aufbereitung. — Mitt. K. W. I. Eisenforschg. **27**, S. 29—42 (1944).

MORITZ, H.: Universalvergleichslösungen und beste Linien zur Emissionsspektralanalyse. — Chem. d. Erde **8**, S. 321—338 (1933/34).

RIES, J. Ph.: Praktische Abhandlungen von den Eigenschaften und der Zubereitung des Alauns. — Marburg 1785.

SCHNEIDERHÖHN, H., & versch. Mitarbeiter: Das Vorkommen von Titan, Vanadium, Chrom, Molybdän, Nickel und einigen anderen Spurenmetallen in deutschen Sedimentgesteinen. — Neues Jb. f. Min., A, S. 50—72 (1949).

SCHIFFNER, C.: Einführung in die Probierkunde. Halle 1925.

SCHREITER, R.: Vanadinoxyde im sächsischen Rotliegenden und ihre Bleichungswirkung. — Jb. f. d. Berg- und Hüttenwesen i. Sachsen, S. 49—69 (1927).

—: Kambro-silurische „Kohlen" von Västergötland, Schweden. — Z. dtsch. geol. Ges. **83**, S. 635—641 (1931).

—: Mikroskopische Untersuchungen in den kambro-silurischen Bitumen führenden Schichten am Billingen in Südschweden. — Petroleum **29**, Nr. 8, S. 1—4 (1933).

TREIBS, A.: Chlorophyll und Häminderivate in organischen Mineralstoffen. — Angew. Chem. **49**, S. 682 (1936).

TROFIMOFF, A. V.: Oxydizing Activity and pH of brown Sediments of the Barents Sea. — C. R. U. d. S. S. R. **23**, C. 135 (1925).

VERNADSKY, W. J.: Ozeanographie und Geochemie. Min. Petr. Mitt. **44**, S. 168—192 (1933).

FSC
www.fsc.org
MIX
Papier | Fördert gute Waldnutzung
FSC® C083411

Kolibri 360 GmbH
Ferdinand-Jühlke-Straße 7
99095 Erfurt, Deutschland
produktsicherheit@kolibri360.de